ESTIMACIÓN DEL NÚMERO DE UNIDADES MOTORAS

Por Manuel Fontoira Lombos, Doctor en Medicina, Especialista en Neurofisiología Clínica, Vocal de la Sociedad Gallega de Neurofisiología Clínica y Jefe de la Sección de Neurofisiología Clínica del Complejo Hospitalario de Pontevedra.

Prólogo.

Este libro trata sobre la aplicación de la electromiografía para llevar a cabo, con fines clínicos, la estimación del número de unidades motoras funcionantes en el músculo tibial anterior parético, o pléjico, del paciente con pie caído, o *steppage*, por una lesión de segunda neurona motora. Para ello se investiga cómo aplicar la técnica electromiográfica para llevar a cabo la estimación del número de unidades motoras funcionantes (*MUNE, functioning motor units number estimation*), en el caso particular de una serie propia de 39 pacientes con clínica de pie caído, *steppage*, con origen en segunda neurona motora (motoneurona inferior, o espinal, o de segundo orden). Como resultado se hace la descripción de una técnica para llevar a cabo la *MUNE* con electrodo de aguja bipolar concéntrico, técnica basada en el recuento manual del número de potenciales de unidad motora individuales en barrido libre durante la contracción máxima del músculo tibial anterior afectado de estos 39 pacientes con *steppage*.

Índice.

1. El concepto de unidad motora y su interés clínico. Página: 7.

2. La debilidad muscular y sus correlaciones clínicas, patológicas y electromiográficas. Página: 13.

3. El concepto de bloqueo axonal en Neurofisiología Clínica. Página: 18.

4. Interés clínico de la estimación del número de unidades motoras funcionantes (*MUNE*), y sus limitaciones; justificación de esta investigación. Página: 30.

5. La *MUNE*, un concepto clásico en Neurofisiología Clínica. Página: 35.

6. El Presente y el futuro de la *MUNE*; objetivos de esta investigación. Página: 57.

7. Sujetos y métodos de esta investigación clínica. Página: 69.

8. Casos clínicos, resultados e interpretación de los resultados. Página: 73.

9. Recapitulación de algunos de los resultados de la serie de casos clínicos. Página: 115.

10. Conclusiones. Página: 123.

11. Bibliografía. Página: 127.

1. EL CONCEPTO DE UNIDAD MOTORA Y SU INTERÉS CLÍNICO.

En medicina se denomina unidad motora a una neurona motora del asta anterior medular (segunda neurona motora o motoneurona inferior, o espinal, o de segundo orden), a su axón y al grupo de fibras musculares que activa. Se trata por tanto de una unidad funcional, o morfofuncional. Fue descrita por Liddell y Sherrington [1]. Se trata de un concepto fisiológico con utilidad clínica.

Se denomina unidad muscular al conjunto de fibras musculares de una unidad motora.

El PUM, o potencial de unidad motora, es el potencial bioeléctrico generado por las fibras de una unidad motora, por activación voluntaria o como resultado de la estimulación de su axón, tal como se registra con un equipo de electromiografía.

Las fibras musculares de una unidad motora, activadas de estas dos formas, se contraen de manera sincronizada.

Al estimular los axones de un nervio motor resulta posible registrar los PUM de un músculo en el laboratorio con electrodos de superficie sobre la piel, o con electrodos de aguja intramusculares. Se registra o bien un PUM individual o bien un potencial que es el resultado de la suma de varios PUM individuales. El potencial muscular compuesto obtenido de este modo, o *CMAP (compound muscle action potential)* se produce por la suma algebraica de los PUM del músculo que alcanzan a la vez el electrodo de registro. Dicha estimulación, si es supramáxima, hace posible que sean estimulados todos los axones del nervio que inerva a ese músculo, y de ese modo, aunque no todos los PUM generados alcancen el electrodo, la amplitud del *CMAP* será la máxima posible de todos modos, y no será mayor aunque se aumente la intensidad de estimulación a partir de ese nivel.

La unidad motora está formada por el soma neuronal, el axón, incluida la vaina de mielina, la unión neuromuscular y las células o fibras musculares esqueléticas correspondientes, como se puede ver, por ejemplo, en una de las láminas de Netter [2].

El concepto de unidad motora permite la clasificación de ciertas enfermedades y síndromes en función de la parte de la unidad motora en la que se produce una alteración, pudiendo haber, respectivamente: neuronopatías, axonopatías/mielinopatías, trastornos de la unión neuromuscular y miopatías. Ejemplos de cada una son, respectivamente: la enfermedad de Charcot-Marie-Tooth, la polineuropatía diabética, la miastenia gravis y la enfermedad de Steinert.

Una descarga bioeléctrica desde una neurona motora del asta anterior medular se transmite al músculo, dando lugar a una contracción sincrónica de las fibras musculares correspondientes. Es esta sincronía, según Sissons [3], la que permite afirmar que la unidad motora es la unidad funcional fundamental responsable de la contracción muscular efectiva.

Lo que esto quiere decir en la práctica es que una alteración en alguna de las partes de la unidad motora se traduce, desde el punto de vista fisiopatológico, en una alteración del funcionamiento de la unidad motora como un todo (independientemente de si se trata de un proceso miopático o neuropático), y que a su vez esto permite distinguir, en la práctica, desde el punto de vista clínico, entre unidades motoras sanas y enfermas, algo que se ha comprobado personalmente, mediante una investigación del análisis de unidad motora en sujetos sanos y enfermos y de su interés diagnóstico, en el caso particular del PUM "miopático" [4].

De este modo resulta posible también identificar, cuando corresponda, a la unidad motora como el lugar de asiento de una enfermedad dada en curso, desde el punto de vista de la patogenia, como ha explicado Ferro [5].

Además, según Black et al [6], es posible establecer una buena correlación entre las alteraciones en la unidad motora y las manifestaciones clínicas, una correlación desde un punto de vista fisiopatológico por tanto.

Se sabe que, en personas sanas, cada fibra muscular pertenece a una sola unidad motora, y que las fibras musculares pertenecientes a una misma unidad motora presentan características histológicas idénticas. Todas las fibras de una misma unidad motora pertenecen al mismo tipo histológico, básicamente: tipo 1 o tipo 2, como ha señalado Kimura [7].

Mediante la tetanización de unidades motoras individuales por estimulación de axones individuales, y agotamiento del glucógeno de las fibras musculares correspondientes, se ha comprobado, según Kimura [7], que existe una notable superposición del territorio ocupado por las fibras de unidades motoras adyacentes. Se piensa que esta dispersión de las fibras de diferentes unidades motoras en el seno de un músculo favorecería la finura de la contracción muscular, y que también podría servir, tal vez, para compensar con alguna eficacia la pérdida de unidades motoras en situaciones patológicas.

No se ha encontrado, según Kimura [7], evidencia de la disposición de las fibras de las unidades motoras formando subunidades.

Las fibras de tipo 1, o tónicas, son de contracción relativamente más lenta y de mayor resistencia a la fatiga. Las fibras de tipo 2, o fásicas, son de contracción más rápida y menor resistencia. Las fibras de tipo 1 tenderían a participar en movimientos prolongados, como el de caminar, y las de tipo 2 en movimientos breves y potentes, como el salto. Esta división en la práctica no es tan nítida, dado que se han descrito diversos subtipos de fibras con características intermedias, lo cual probablemente tiene que ver con el hecho de que los movimientos no son o prolongados o bruscos, sino que hay una graduación y diversas combinaciones de los tipos de movimientos que se realizan. Ahora bien, dentro de una misma unidad motora todas las fibras musculares pertenecen al mismo tipo histoquímico, al mismo tipo de actividad enzimática predominante, según Bloom y Fawcett [8].

Kimura [7] ha indicado que si una fibra muscular de un tipo queda denervada y es reinervada por el axón de otra unidad motora con fibras de otro tipo, la fibra denervada y reinervada modifica su tipo histoquímico y lo iguala al de las fibras de la nueva unidad motora a la que se incorpora.

Diversas investigaciones de la unidad motora [9][10][11] han desvelado que en el músculo tibial anterior hay alrededor de 270000 fibras musculares, organizadas en aproximadamente 445 unidades motoras, con unas 600 fibras musculares por unidad motora. El diámetro medio de las fibras musculares es de 55-60 micras. El músculo tibial anterior recibe alrededor de 740 axones grandes.

Durante la contracción muscular, para que la fuerza muscular aumente, la orden motora procedente de la corteza motora va dando lugar a un reclutamiento de unidades motoras, es decir, se van contrayendo cada vez más unidades motoras sin que dejen de contraerse las que ya se estaban contrayendo, sumándose su efecto (el concepto de reclutamiento de la actividad neuronal, y por ende del reclutamiento de las unidades motoras activadas por esas neuronas, procede de Sherrington). Este reclutamiento de unidades motoras debe tener lugar según el principio de Henneman [12][13][14][15][16][17], según el cual en primer lugar se contraen las fibras musculares inervadas por neuronas de menor tamaño, y conforme progresa el reclutamiento va aumentando el tamaño de las neuronas implicadas.

Neuronas de menor tamaño corresponden a unidades motoras de menor tamaño, constituidas por un número menor de fibras musculares, y viceversa.

El patrón de reclutamiento parece ser que es continuo, que no hay una contracción en fases, bimodal, de modo que no se contraen por un lado las fibras tónicas de bajo umbral y por otro las fásicas de alto umbral.

Según Mustafa et al [18] el principio de Henneman (el tamaño de cada neurona, o de cada unidad motora reclutada) no puede ser detectado en un electromiograma convencional debido a la pequeña área de registro de estos electrodos en comparación con el tamaño del espacio ocupado por la unidad motora.

Según McComas et al [19] la fuerza muscular va aumentando conforme aumenta el reclutamiento de unidades motoras.

Según Dorfman et al [20] la fuerza aumenta también con el incremento de la frecuencia de descarga de las unidades motoras individuales. Esto último tiene interés clínico, porque en el registro electromiográfico de músculos denervados el trazado de máxima contracción estará simplificado por la pérdida de unidades motoras, y al mismo tiempo la frecuencia de descarga de las unidades motoras supervivientes estará relativamente aumentada (aumentará la sumación temporal de esas unidades motoras) para intentar compensar la pérdida de unidades motoras (la disminución de la sumación espacial) ante una misma demanda de fuerza.

Por otro lado, en lesiones de primera neurona motora la frecuencia de descarga estará reducida (disminuirá la sumación temporal de unidades motoras), todo lo cual posee utilidad diagnóstica en la práctica.

Como han señalado Liguori et al [21] el organismo intenta compensar a corto plazo la pérdida de fuerza en relación con la pérdida de unidades motoras mediante el aumento de la frecuencia de descarga de las restantes, de modo que este efecto se observará tanto en procesos de denervación con pérdida de neuronas motoras en los que secundariamente se pierden fibras musculares, como en procesos miopáticos en los que la pérdida inicial es la de fibras musculares y por tanto también de unidades motoras a la larga.

Desde un punto de vista fisiopatológico, otra manera de compensar la pérdida de fuerza a largo plazo, aparte de la reinervación directa o indirecta (colateral) de unidades motoras, es la mera hipertrofia muscular, algo que también debe tenerse en cuenta clínicamente, por ejemplo, al hacer un electromiograma con fines diagnósticos.

2. LA DEBILIDAD MUSCULAR Y SUS CORRELACIONES CLÍNICAS, PATOLÓGICAS Y ELECTROMIOGRÁFICAS.

La debilidad muscular, la falta de fuerza muscular, se detecta clínicamente, al llevar a cabo la exploración clínica de la fuerza, el "balance muscular", cuando fallan aproximadamente el 50% de las neuronas motoras inferiores, o más del 50%, según una descripción clásica de Hansen y Ballantyne [22].

La descripción clásica de la aparición de debilidad muscular o pérdida de fuerza clínicamente detectable en correlación con una pérdida del 50% o mayor de las neuronas motoras procede de las investigaciones de Hansen y Ballantyne en necropsias de pacientes fallecidos por esclerosis lateral amiotrófica, y de las correlaciones clínicas correspondientes.

Como es lógico, si además de haber pérdida de neuronas motoras inferiores se produce una pérdida de neuronas motoras superiores, como ocurre en la esclerosis lateral amiotrófica, la perturbación de la capacidad motora observada clínicamente puede ser mayor que la pérdida de neuronas motoras inferiores detectada con un electromiograma, hecho a tener en cuenta en la práctica clínica cotidiana.

De todos modos un electromiograma también permite detectar el daño de neurona motora superior, que clínicamente también suele ser evidente en estos casos por los signos de piramidalismo.

La pérdida de neuronas motoras inferiores suele ser clínicamente obvia por la debilidad, la arreflexia y la atrofia muscular.

El trabajo inicial de Hansen ha tenido diversas aportaciones posteriores, como las de Yuen y Olney [23], o las de Daube [24], en las que se ha tratado además el paralelismo entre la pérdida de neuronas motoras y la de unidades motoras.

Lógicamente, la pérdida de unidades motoras refleja la de neuronas motoras, y viceversa, cuando están correlacionadas, como ocurre, por ejemplo, en los procesos denervativos, como la esclerosis lateral amiotrófica: al desaparecer una neurona motora del asta anterior medular (por apoptosis, por ejemplo), desaparece la unidad motora correspondiente. Dicha pérdida de neuronas motoras se podrá reflejar, y por tanto ser inferida, a partir de la pérdida de unidades motoras si esta pérdida de unidades motoras se evalúa clínicamente de algún modo, como con un electromiograma, por ejemplo. De ahí el concepto de *MUNE* que se aborda en este libro, ya que la *MUNE (motor unit number estimation*, estimación del número de unidades motoras*)* se utiliza para evaluar el número de unidades motoras funcionantes en un músculo, tanto en uno sano como en uno enfermo, y por ello el valor de la *MUNE* puede tener un uso clínico diverso, por ejemplo, para estimar la pérdida de unidades motoras en un músculo, o para inferir la pérdida de neuronas motoras a partir de este valor.

La *MUNE* tanto servirá para hacer referencia al grado de pérdida de unidades motoras como a la pérdida de axones y de neuronas motoras, situaciones diversas y con diverso interés clínico según el caso. Por ejemplo, en el caso de una enfermedad de la motoneurona tendrá interés hacer referencia al grado de pérdida de neuronas motoras; en el caso de una neuropatía periférica tendrá interés clínico hacer referencia al grado de bloqueo axonal, etc.

El que la detectabilidad clínica de la debilidad muscular, de la falta de fuerza, sea posible a partir de una pérdida aproximada de un 50% de unidades motoras funcionantes en el músculo debilitado corresponde al grado 4 de la tabla de balance muscular expuesta a continuación, que es una de las tablas que habitualmente se utilizan en la práctica clínica cotidiana, por su simplicidad, aunque existen tablas más complicadas:

<u>Tabla para hacer el balance muscular:</u>

0. Ausencia de contracción muscular.
1. Contracción sin movimiento.
2. Movimiento a favor de la gravedad.
3. Movimiento en contra de la gravedad.
4. Movimiento contra pequeña resistencia.
5. Fuerza normal.

El comienzo de la detectabilidad de la pérdida de fuerza muscular a partir del grado 4 de la tabla precedente también coincide de manera aproximada con el comienzo de la detectabilidad de la simplificación de los trazados electromiográficos de máximo esfuerzo, según José María Fernández [25].

Una pérdida de neuronas motoras de un 50% equivale

aproximadamente a una pérdida de unidades motoras de un 50% también, aunque con excepciones; por ejemplo: si entre la pérdida de neuronas motoras y de unidades motoras se produce además un bloqueo axonal, la pérdida de unidades motoras podrá ser desproporcionadamente mayor que la de neuronas motoras. Del mismo modo, si las neuronas motoras cesan por algún motivo su actividad sin desaparecer, habrá más neuronas motoras, desde un punto de vista cuantitativo, que unidades motoras funcionantes.

Estos matices deben tenerse en cuenta por tanto, sobre todo en el caso del bloqueo axonal, por su influencia en la *MUNE* y en la correcta interpretación de la *MUNE* que en cada caso clínico deberá hacerse, que es algo que se hará con frecuencia en la práctica.

De acuerdo con observaciones personales, en la práctica clínica cotidiana la correspondencia entre la detectabilidad de la simplificación de los trazados y el nivel de fuerza de 4 o menor detectado en el balance muscular en las lesiones de segunda neurona motora con el valor del 50% en la pérdida de unidades motoras o neuronas motoras no es precisa en todo caso, especialmente en algunos casos particulares que hay que tener en cuenta también; por ejemplo: hay músculos relativamente menos potentes que el resto que manifiestan clínicamente, en el balance muscular, disminución de su fuerza con una pérdida de unidades motoras (correlativa con la pérdida de neuronas motoras inferiores) claramente menor del 50%, como ocurre con el orbicular de los párpados de una persona anciana con una parálisis *a frigore* y una hipotrofia senil de dicho músculo; y, al contrario, hay músculos relativamente más potentes que el resto que no manifiestan clínicamente en todo caso debilidad con una pérdida de unidades motoras claramente mayor del 50%, como pueda ser, en el extremo opuesto al ejemplo anterior, el caso del gemelo interno de una persona joven y atlética con una radiculopatía S1; en este segundo ejemplo el gemelo interno puede presentar clínicamente una fuerza normal en el balance muscular cuando la pérdida de unidades motoras es claramente mayor del 50%, lo cual es comprobable con un electromiograma en algunas ocasiones (por ejemplo, con un trazado electromiográfico de máxima contracción simple), y no sólo por una capacidad atlética particular dada, sino además por otros factores que pueden entrar en juego, como una posible compensación de dicha pérdida de unidades motoras con una hipertrofia muscular de las unidades motoras restantes si ha transcurrido el tiempo suficiente para que dicha compensación se produzca, y también con un aumento de la frecuencia de descarga individual de las unidades motoras restantes, hechos todos ellos detectables en el electromiograma.

La hipertrofia muscular es detectable electromiográficamente mediante la medición de la amplitud de los PUM registrados en dicho músculo (por ejemplo, observándose un trazado de máxima contracción simple y de gran amplitud, incluso de 10 mV o mayor), pudiéndose determinar en estos casos, a partir de una gran simplificación del trazado, una pérdida de unidades motoras que sin duda debe ser mayor del 50%, y tal vez mayor de un 80%, por poner un ejemplo, sin que clínicamente se aprecie pérdida de fuerza en este músculo con el balance muscular en algunos casos (para explorar la fuerza del gemelo hay diversas maniobras; una útil en la práctica consiste en pedir al paciente que camine de puntillas lentamente y observar desde detrás el grado de dificultad para mantener dicha posición mientras camina, es decir, la resistencia a la claudicación de dicho músculo en ese trabajo en concreto).

3. EL CONCEPTO DE BLOQUEO AXONAL EN NEUROFISIOLOGÍA CLÍNICA.

Al hacer mención en el capítulo anterior a la pérdida de neuronas motoras, y a su mayor o menor correlación con la pérdida de unidades motoras, se ha hecho referencia al bloqueo axonal como una de las razones por las que esa correlación no puede ser estricta en la práctica en diversas situaciones clínicas (en este caso, en situaciones clínicas en las que, haya o no neuronopatía, entre el soma de una neurona motora y las fibras musculares de su unidad motora pueda haber un mayor o menor grado de bloqueo del axón que los une).

A lo largo del tiempo diversos autores han tendido a considerar convencionalmente que por definición es bloqueo axonal el debido a una desmielinización segmentaria (focal) del axón.

Con tal motivo al bloqueo debido a axonopatía algunos autores lo denominan "seudobloqueo" [26].

No obstante el bloqueo y el seudobloqueo así definidos resultan difíciles de distinguir en la práctica con frecuencia. En primer lugar, en la práctica no es necesario o ni siquiera posible en todo caso distinguir entre bloqueo y seudobloqueo, debido a que, y según observaciones personales, se cruza continuamente en uno u otro sentido la frontera entre lo axonal y lo desmielinizante a lo largo de la evolución clínica de una neuropatía dada. Un diagnóstico de bloqueo, si se considera al bloqueo axonal un paradigma de la desmielinización como base patogénica de un proceso neuropático dado en curso, podría generar la idea errónea según la cual dicho proceso tendría imposibilitada la progresión de esa situación patológica hacia lo que con probabilidad suele terminar ocurriendo: una neuropatía que comienza mostrando signos electromiográficos de desmielinización terminará presentando signos de daño axonal también al cabo del tiempo, salvo excepción; y viceversa: una neuropatía que comienza manifestando signos de daño axonal al cabo del tiempo terminará manifestando signos electromiográficos de desmielinización también, salvo excepción, porque el daño del axón provoca de manera secundaria daño en la mielina, y el daño en la mielina provoca daño en el axón, al haber dependencia entre ambos.

En segundo lugar, el bloqueo así definido, como paradigma de la desmielinización focal, parece poco útil en la práctica, por lo que es una definición discutible. La razón es que si un nervio, por ejemplo, el axilar (o circunflejo), no conduce al deltoides por una axonotmesis del nervio como consecuencia de una luxación anterior o posterior (que en ambos casos se puede observar) del húmero en la articulación glenohumeral, la conducción estará, de hecho, bloqueada, pero no por una desmielinización segmentaria en este caso, o sí, pero no solamente, por lo que el recurso al término "seudobloqueo" en este caso sería ilógico; dicho término no sería una descripción precisa de lo que ahí está ocurriendo, de hecho. El bloqueo de la conducción al músculo deltoides del ejemplo, en el caso de una axonotmesis del nervio circunflejo, no sería un falso bloqueo, sino un bloqueo verdadero, pues la conducción por dicho nervio hacia dicho músculo estaría de hecho bloqueada verdaderamente, no seudobloqueada, porque dicha conducción se detendría en el punto en el que ha tenido lugar la axonotmesis del nervio; al llevar a cabo entonces un estímulo eléctrico en una zona proximal al punto de la lesión del nervio axilar no habría respuesta en el deltoides porque habría un bloqueo de dicha señal a lo largo de su camino y la señal no llegaría a su destino. Por ello, el término "seudobloqueo", o falso bloqueo, para el bloqueo por daño axonal no parece totalmente acertado, aunque se emplee con frecuencia, ni el término "bloqueo" para el bloqueo por daño focal en la mielina.

No todos los autores emplean el término "seudobloqueo" en todo bloqueo por daño axonal [27].

Personalmente se considera que el término "seudobloqueo" debería ser desechado de la práctica clínica, por las razones expuestas, y en todo caso se debería explicar en el informe neurofisiológico si se han encontrado pruebas que lleven a pensar que el bloqueo detectado es debido probablemente a un predominio de la desmielinización, a un daño predominantemente axonal, o a ambos en grado diverso, con predominio, o no, de alguno de ellos. Por ejemplo: inducirá a pensar que hay signos electromiográficos de una probable desmielinización que el *CMAP (compound muscle action potential,* potencial evocado motor) esté desincronizado, o su duración aumentada, o la latencia motora con estímulo proximal al punto de bloqueo alargada, o la velocidad de conducción disiminuida; así mismo, la presencia de actividad patológica en reposo (fibrilaciones, ondas positivas, descargas seudomiotónicas) es un signo electromiográfico que llevará a pensar que probablemente haya daño axonal (de las amplitudes se hablará posteriormente).

El bloqueo por desmielinización focal o segmentaria se acompaña de una lentificación focal de la velocidad de conducción nerviosa por desmielinización segmentaria, a diferencia de la desmielinización a lo largo de todo un nervio, o paranodal, que produce una lentificación difusa de la velocidad de conducción nerviosa a lo largo de todo el tronco nervioso. No obstante, una desmielinización paranodal puede ser el resultado de una desmielinización focal que se ha extendido por el resto del nervio desde el foco inicial a lo largo del tiempo, por degeneración progresiva de la mielina a partir de ese punto, por ejemplo, en relación con la degeneración walleriana del nervio, o con la mulleriana, nueva muestra de la dificultad o incluso imposibilidad en la práctica de separar el daño axonal del daño en la mielina a lo largo de la evolución de una neuropatía recurriendo a un electromiograma (entendiendo por electromiograma la combinación de electromiograma convencional y electroneurograma), pues un daño axonal con degeneración walleriana también derivará probablemente con el tiempo en una desmielinización paranodal.

El bloqueo por desmielinización focal o daño axonal se acompaña de manera característica en ambos casos de una caída en la amplitud del *CMAP* con estímulo proximal a la zona del bloqueo (detectable con estimulación proximal a la zona del bloqueo, pero no si se estimula en la zona distal al bloqueo cuando no hay desmielinización paranodal sobreañadida). Esta caída de la amplitud del *CMAP* con el estímulo proximal a una hipotética zona de desmielinización focal se invoca en ocasiones como la manera de distinguir entre bloqueo y seudobloqueo. Sin embargo, se ha observado personalmente que esto no se cumple en la práctica: en primer lugar la desmielinización paranodal, que con frecuencia termina acompañando a la nodal, dará lugar, si ya se ha establecido, a que la estimulación distal a la zona del supuesto bloqueo también dé como resultado un *CMAP* de baja amplitud. Además, en el caso de un bloqueo focal por daño axonal, de reciente instauración, por ejemplo, por una axonotmesis parcial de un nervio motor, el resultado en un electromiograma será con frecuencia el mismo que en el caso de una desmielinización focal de reciente instauración: una caída de la amplitud del *CMAP* con estímulo proximal al punto de lesión y un *CMAP* de amplitud normal con estímulo distal al punto de lesión. Por tanto, esta definición académica del bloqueo definido como la caída de la amplitud del *CMAP* con estímulo en una zona del nervio proximal a la zona del bloqueo, tomándola como sinónimo de desmielinización focal, carece con frecuencia de sentido en la práctica clínica de hecho, por lo dicho.

En la práctica clínica es difícil con frecuencia determinar si el bloqueo se debe sólo a desmielinización, a axonopatía, a ambas, o en qué grado a una y otra, a pesar de estas definiciones académicas tan específicas y precisas pero no tan útiles en la práctica (por ejemplo, si todavía es pronto para que aparezca la actividad denervativa que delata el daño axonal, que en ocasiones puede tardar 2 o 3 semanas en aparecer, no puede confirmarse con el electromiograma que se ha producido daño axonal, o si un bloqueo en un caso particular dado se debe sólo a desmielinización focal), lo cual es un motivo para que resulte discutible el recurso indiscriminado por sistema a dos términos, "bloqueo" y "seudobloqueo", para esta alteración focal de la conducción que, sea por desmielinización, por axonopatía, o por ambos, consiste fundamentalmente en cualquier caso en un bloqueo de la conducción nerviosa en un punto por alguna causa. Dicha causa con frecuencia es obvia a simple vista sin tener que basar su determinación en la caída o no de la amplitud de un *CMAP*, como pueda ser en el caso de una sección traumática de un nervio: si un nervio motor ha sido seccionado parcialmente mediante un corte, accidental por ejemplo, es obvio que habrá una caída de la amplitud del *CMAP* si se lleva a cabo el estímulo en un punto del nervio proximal a la zona en la que ha tenido lugar el corte, y es obvio que dicho bloqueo no se habrá debido a una desmielinización focal del nervio, sino a un daño axonal.

Es infrecuente que se tope en la práctica con un daño axonal puro o desmielinizante puro. Por tanto, personalmente se considera que con el uso del término "bloqueo" es suficiente en todo caso en la práctica para elaborar los informes neurofisiológicos en este tipo de pacientes, sobre todo si se establece y explica en lo posible la adecuada correlación clínica en cada caso particular en el informe clínico pertinente.

Hay otro hecho que demuestra aun más la inconveniencia de identificar bloqueo con desmielinización focal: un bloqueo de la conducción nerviosa por daño axonal puede tener lugar si se produce una rotura axonal, lógicamente, pero también sin necesidad de que haya rotura axonal.

Cuando el bloqueo axonal tiene lugar sin rotura axonal se denomina lesión de primer grado, cuyas causas más comunes son la compresión, la isquemia (por compresión) o ambos. La lesión de primer grado suele ser reversible antes de 3 meses, o bien irreversible, con un bloqueo estable o intermitente, y con una posible evolución a una lesión de segundo grado.

En el bloqueo axonal con rotura axonal (lesiones de segundo a quinto grado), y según descripciones clásicas (en referencia a las publicadas por Sunderland [87]), el axón desaparece en 12-35 días, y la mielina también, por fagocitosis, sobre todo por macrófagos. Tras una rotura axonal el comienzo de la degeneración walleriana se detecta en 12-48 horas; la degeneración de la mielina comienza en 2 horas y abarca a todo tipo de fibras en 36-48 horas (degeneran antes las fibras mayores); los cambios degenerativos podrían tener lugar simultáneamente a lo largo de toda la fibra no obstante, como demostró Ramón y Cajal en 1909. La región más lábil es la unión neuromuscular. Las células de Schwann forman una línea en el tubo endoneural estrechado (el endoneuro posee elasticidad) y vacío en 2-4 semanas (bandas de Büngner). El crecimiento axonal precisa la maduración del brote, que puede tardar un año, según comprobaron Rexed y Swensson en 1941; personalmente se ha llegado a observar cambios electromiográficos regenerativos (por ejemplo: polifasia inestable) incluso hasta 2 años tras una sección axonal, y se desconoce si este proceso podría prolongarse durante más allá del segundo año, al no haber tenido oportunidad de explorar pacientes de este tipo más allá del segundo año de su evolución; nuevas observaciones podrían aclararlo en el futuro (de todos modos, desde el punto de vista funcional se desconoce si la prolongación del proceso de reinervación más allá de esta cantidad de tiempo podría tener alguna repercusión clínica interesante en el sentido de la recuperación funcional del miembro parético). El endoneuro mantiene la capacidad de encarrilar el brote axonal hacia la periferia durante 12 meses. El brote axonal avanza a 1 mm/día. El signo de Hoffman-Tinel señala el comienzo de la regeneración sensitiva [28][29].

Según observaciones personales, la reinervación se acompaña de una acusada desincronización del *CMAP* en fases iniciales, posiblemente por remielinización temprana.

Algunos criterios electromiográficos convencionales de desmielinización focal con bloqueo (caída de la amplitud del *CMAP*) y dispersión temporal (aumento de la duración del *CMAP*) [30][31][32][33][34][35][36][37]:

1. <u>Bloqueo de la conducción</u>: caída de la amplitud del *CMAP* mayor del 50%. El criterio de la caída de la amplitud o del área del *CMAP* varía entre un 20 y un 60%, entre diferentes series (Fuglsang-Frederiksen y Pugdahl). Algunos autores *(AAEM)* refieren en concreto una reducción del 60% para el caso del nervio peroneal en el segmento de la pierna, es decir, con detección en pedio y estímulo en la "garganta" del pie en el tobillo y debajo de la cabeza del peroné.

Caída del área mayor del 50%, o del 40% según otros autores *(AAEM)*.

Aumento de la duración del 30% o menor.

2. <u>Bloqueo de la conducción/dispersión temporal</u>: caída de la amplitud mayor del 50%, caída del área mayor del 50%, aumento de la duración mayor del 30%. No se puede distinguir entre ambos por tanto si aumenta la duración.

3. <u>Dispersión temporal</u>: caída de la amplitud mayor del 50%, caída del área mayor del 50%, aumento de la duración mayor del 30%.

4. <u>Estimulación submáxima</u>: caída de la amplitud mayor del 50%, caída del área mayor del 50%, aumento de la duración del 30% o menor. La estimulación submáxima da lugar por tanto a un falso positivo para bloqueo.

En estos criterios convencionales, en los que, como se ve, se considera que bloqueo significa desmielinización focal, el hecho de situar el punto de corte en el 50% de la amplitud del *CMAP* para determinar los criterios de bloqueo y dispersión temporal se considera personalmente que posiblemente se debe a que la técnica actual no permite detectar el bloqueo de manera fiable con un porcentaje menor sin riesgo de falsos positivos, ya que, como se ha visto en capítulos precedentes, por regla general se correlaciona la detección clínica de un defecto neurológico con origen en segunda neurona motora (pérdida de sensibilidad, de fuerza, o de ambas) con la pérdida de aproximadamente el 50% o mayor de la función del nervio, cifra que afortunadamente coincide con el porcentaje utilizado como criterio de referencia también en el balance muscular y en el trazado de máxima contracción simplificado, de ahí que estos criterios sean suficientemente útiles en la práctica, a pesar de parecer poco precisos.

En la práctica sí es importante distinguir el bloqueo, la ausencia de conducción a lo largo de algunos axones (ya sea por desmielinización, daño axonal, o ambos), de la dispersión temporal del potencial motor (esta dispersión es debida a que los distintos axones que no están bloqueados conducen el impulso bioeléctrico a distintas velocidades al presentar un daño en grado diverso de la mielina en caso de denervación, o un grado diverso de maduración de la mielina en caso de reinervación; en la práctica la dispersión temporal no sólo se detecta por el aumento de la duración del *CMAP*, sino también por la desincronización del mismo, que además no siempre se acompaña de aumento de la duración, o el aumento de la duración no siempre se acompaña de una desincronización del potencial; por ejemplo, si hay dispersión temporal y bloqueo al mismo tiempo, el *CMAP* puede estar desincronizado pero no estar aumentada su duración). Por ejemplo: de acuerdo con observaciones personales, en una axonotmesis parcial del nervio circunflejo por una luxación del hombro, en un primer estadio puede detectarse una caída de la amplitud del *CMAP* registrado en deltoides con estímulo en el punto de Erb en el cuello, sin aumento de su duración; posteriormente, si se produce la regeneración del nervio, su remielinización se acompañará de una importante desincronización del *CMAP*, o de un aumento de su duración, o de ambas (la amplitud suele seguir siendo baja en este caso), hecho observable en ese estadio de la evolución de la lesión, e indicando precisamente dicho estadio, con valor diagnóstico y pronóstico (es lógico pensar que esta desincronización durante la reinervación se deba al diferente grado de maduración de los diferentes axones que se están remielinizando).

También es importante identificar la estimulación eléctrica submáxima, fuente de posibles errores en la interpretación del resultado de un electromiograma, hecho que hay que tener en cuenta en todo paciente, al estar siempre presente. Y hay diversos casos particulares a tener en cuenta que influirán aun más en este detalle de la importancia de la estimulación submáxima. Por ejemplo: en el caso de una neuropatía, como pueda ser la polineuropatía diabética, es frecuente que el umbral de estimulación aumente, con lo que en este caso el nivel buscado de la estimulación supramáxima estará por encima de la media.

Según Ryuiki [38], en el caso particular del bloqueo de la conducción en la neuropatía motora desmielinizante multifocal, tiene lugar una caída de la amplitud del *CMAP* con estímulo proximal al punto de bloqueo mayor de 0,6 (mayor de un 60%); la velocidad en el segmento está lentificada, y se produce una dispersión temporal del potencial motor, o bien un aumento de la duración mayor de 0,2, o ambos; la onda F es anormal o está ausente.

Tankisi et al [39] recomiendan valorar con precaución la caída de la amplitud de un *CMAP* antes de certificar definitivamente el carácter axonal, desmielinizante, o ambos, de una polineuropatía, punto de vista que coincide con el ya expresado personalmente en este ensayo. La razón es que el hallazgo en un electromiograma puede ser similar en ambos casos en ocasiones. Por ejemplo, según observaciones personales, tanto en un bloqueo por desmielinización como por daño axonal el hallazgo puede consistir en un *CMAP* de baja amplitud, sin desincronización ni aumento de la duración del *CMAP*. Y, como se ha dicho más arriba, en las neuropatías por daño axonal también pueden encontrarse signos electromiográficos de desmielinización en determinadas circunstancias, como cuando el daño axonal se acompaña de daño en la mielina, o como cuando se está produciendo la regeneración nerviosa, que incluye la regeneración de la mielina y por tanto la dispersión temporal del potencial.

Raynor [40] ha encontrado en las formas desmielinizantes de neuropatía una lentificación en nervios con registro en músculos distales y proximales, y en las formas axonales una lentificación sobre todo en nervios con registro en músculos distales, y no al registrar en músculos proximales, y ha encontrado velocidades normales en ambos puntos en pacientes con enfermedad de motoneurona. Personalmente se duda de estas conclusiones, pues se ha observado que en enfermedades de la motoneurona evolucionadas también hay lentificación en ambos puntos, y que en radiculopatías evolucionadas también ocurre lo mismo, lo cual es posible que se deba a desmielinización paranodal asociada a la degeneración walleriana, pues, como se ha dicho, daño axonal y desmielinización suelen ir asociados en la práctica en diversas secuencias temporales, es decir, un daño axonal, como pueda ser el caso de una neuropatía tóxica, desemboca en la pérdida de la mielina; así mismo, un daño de la mielina, como pueda ser el caso de una neuropatía autoinmune, como en el síndrome de

Guillain-Barré, con ataque primario sobre la mielina, desemboca con frecuencia en un daño axonal en diversa medida, secundariamente. Además, según observaciones personales en las formas desmielinizantes puede haber lentificación solo en el registro en músculos distales, y no en los proximales, en ciertas fases del proceso, y puede haber lentificación sólo distal en las formas axonales también, en ciertas fases de la evolución.

Por tanto, en la práctica se observa frecuentemente lo que parece obedecer a un solapamiento de ambos tipos de patogenia, pues posiblemente una degeneración axonal deriva en una degeneración de la mielina, y viceversa, aunque en ocasiones se consiga identificar formas relativamente puras de predominio axonal o desmielinizante. Por ejemplo: se suele referir en los textos que la polineuropatía enólica es predominantemente axonal, pero con frecuencia se encuentra en la práctica un claro predominio desmielinizante en pacientes cuyo único factor de riesgo de neuropatía identificado es el enolismo; o, por ejemplo, se suele referir en la literatura médica que la polineuropatía asociada a la neoplasia de próstata es de predominio desmielinizante, pero en la mayoría de los casos explorados personalmente se ha encontrado un claro predominio axonal en el electromiograma (consistiendo en la presencia de actividad denervativa y caída de las amplitudes de los *CMAP*, predominando estos hallazgos sobre la dispersión temporal, los aumentos de latencias e interlatencias y la lentificación de las velocidades de conducción nerviosa, que incluso pueden faltar).

La compresión nerviosa también es una causa de bloqueo nervioso. En una primera fase se produce una intususcepción de las vainas de mielina, lesión que es reversible, y que clínicamente consiste en que el miembro se queda "dormido" transitoriamente [41]. Una compresión nerviosa prolongada (según observaciones personales, la superior a, por ejemplo, 15 minutos) produce un bloqueo no transitorio, ya sea por neurapraxia o axonotmesis, con distinto pronóstico en cada caso. Es una situación clínica frecuente, prácticamente se ven casos nuevos a diario, ya sea por compresión del radial, del cubital, del peroneal, o de cualquier otro nervio.

4. INTERÉS CLÍNICO DE LA ESTIMACIÓN DEL NÚMERO DE UNIDADES MOTORAS FUNCIONANTES (*MUNE*) Y SUS LIMITACIONES; JUSTIFICACIÓN DE ESTA INVESTIGACIÓN.

La estimación del número de unidades motoras funcionantes en un músculo dado (*MUNE*), mediante una exploración neurofisiológica con fines clínicos, suele tener interés para la correcta valoración del estado del músculo parético o pléjico de un paciente.

No sólo tiene interés por servir para conocer el estado funcional de un músculo en el momento presente, también posee un interés pronóstico, porque, a mayor porcentaje de unidades motoras funcionantes en electromiogramas sucesivos, mejor pronóstico en general, aunque en función lógicamente de las causas y de la evolución. Si se produce una pérdida progresiva de unidades motoras el pronóstico no será el mismo que si se produce una recuperación progresiva del número de unidades motoras funcionantes a partir de la medición inicial. La evolución en uno otro sentido se puede detectar mediante la práctica de electromiogramas sucesivos.

La *MUNE* da información, a partir de la estimación del número de unidades motoras, sobre el número y estado funcional de las motoneuronas inferiores correspondientes. Por ello es una herramienta empleada, por ejemplo, para estimar el número de motoneuronas inferiores en enfermedades degenerativas, como la esclerosis lateral amiotrófica [42][43].

La *MUNE* también permite comprender la fisiología y plasticidad (reinervación potencial) del axón periférico y la unión neuromuscular [44].

Y sirve para comprobar el papel beneficioso de las intervenciones médicas con fines terapéuticos [45].

Hay diversos métodos descritos para llevar a cabo la *MUNE* [44].

Últimamente se ha hecho hincapié especialmente en el método denominado *MUNIX*, y también en otro denominado *Bayesian MUNE*, como los más prometedores desde el punto de vista clínico, a pesar de no haberse establecido con estos métodos una correlación entre el valor de la *MUNE* y el verdadero número de neuronas motoras inferiores [42] (una de las razones, como ya se ha dicho previamente, es la posibilidad de un bloqueo nervioso que desvirtúe esta correlación). Hay investigaciones en curso en este sentido [86].

Una degeneración de la motoneurona inferior y una consecuente disminución en el número de unidades motoras funcionantes en un músculo dado tiene lugar simplemente con el mero envejecimiento en pequeña medida, y también en mayor medida con cierta variedad de enfermedades neuromusculares, como la esclerosis lateral amiotrófica.

Debido a la reinervación colateral en procesos de denervación-reinervación, la debilidad y la atrofia pueden no resultar evidentes hasta que la pérdida de unidades motoras ha superado un umbral crítico, según McComas [46]. De ahí también parte del interés de la *MUNE*, para detectar la pérdida de unidades motoras en estos casos, porque la *MUNE* tiene en cuenta los efectos de la reinervación colateral al incluir en su cálculo la media del tamaño de los *S-MUP* (*surface detected motor unit potential*, potenciales evocados motores detectados con electrodos de superficie o cutáneos).

La mayoría de las técnicas descritas para la *MUNE* se basan en el uso de electrodos de superficie.

Un electrodo con una caída radial rápida en la amplitud del *CMAP* se denomina "selectivo" [47]. Ningún electrodo es totalmente no selectivo, todos son algo selectivos [48]. Esta es entonces una limitación que se aprecia en las técnicas de *MUNE* disponibles hasta el momento, el hecho de tener que depender de los electrodos de superficie, que de por sí son limitados para el análisis de los PUM, tanto por el hecho de la dificultad para identificar PUM individuales, como por la dificultad para explorar el músculo en profundidad, por tratarse de electrodos superficiales.

Otra limitación obvia de las técnicas disponibles, como ya se ha dicho previamente, es el hecho de no ser posible la extrapolación del número de neuronas motoras inferiores funcionantes a partir del número de unidades motoras funcionantes en todos los casos. Por ejemplo, y una vez más: si hay un bloqueo axonal sobreañadido el número de unidades motoras funcionantes será menor que el de neuronas motoras funcionantes, y por tanto la *MUNE* no informará correctamente acerca del número de neuronas motoras inferiores no dañadas. Y por otro lado el número de neuronas motoras puede ser mayor del estimado mediante *MUNE* si algunas están dañadas y sin funcionar sólo de manera reversible; si se desconoce esta reversibilidad el pronóstico emitido puede estar equivocado.

Además, pretender referir la *MUNE* en la forma de una cantidad absoluta, un número, no parece lo más lógico, dado que no hay tablas de referencia sobre cuál es el número normal de unidades motoras que debe esperarse para una persona dada en un músculo dado.

Por estas razones, la *MUNE* obtenida con los métodos convencionales disponibles es un dato que debe integrarse cabalmente y prudentemente con el resto de la información clínica y neurofisiológica disponible en cada caso. En una exploración electromiográfica se obtiene información diversa, complementaria entre sí, que debe ser interpretada con sensatez y rigor de manera integral, teniendo en cuenta sus posibilidades y sus limitaciones.

Dado el tipo de retos que los pacientes verdaderamente plantean a diario en la práctica clínica, aunque el hecho en sí de perfeccionar progresivamente la técnica de la *MUNE* pueda tener un interés clínico mayor en el futuro, también podría resultar interesante darle a la técnica una vuelta de tuerca y tratar de llevarla a cabo de otra manera que sea más útil en la práctica clínica cotidiana, en vez de ir convirtiéndola en una técnica progresivamente más sofisticada y más difícil de utilizar en la práctica. Por ejemplo, en este libro se presenta un problema clínico frecuente en la práctica cotidiana en la que resulta útil la *MUNE* como parte de la exploración electromiográfica: el pie caído por un daño en motoneurona inferior, como pueda ser el caso del pie caído por compresión aguda del nervio peroneal en la cabeza del peroné (por ejemplo, por mantener una pierna cruzada sobre la otra durante un tiempo excesivo en personas proclives, y por otras causas, como se verá más adelante). En esta situación clínica, el pie caído, tiene interés la *MUNE*; en primer lugar, porque dicho dato informaría del estado funcional del músculo (sobre todo del tibial anterior), necesario para caminar correctamente, y también informaría del estado del nervio por extrapolación de los datos de la *MUNE*, una vez comparados los datos de la *MUNE* con los de la conducción motora para averiguar el grado de bloqueo, lo cual permitiría un diagnóstico más completo y un pronóstico más certero (por ejemplo, no sería lo mismo diagnosticar una axonotmesis parcial del nervio peroneal en la rodilla con bloqueo parcial del nervio, que podría ser un diagnóstico al que se podría llegar si no se dispusiese del valor de la *MUNE*, que diagnosticar una axonotmesis parcial del nervio con un bloqueo parcial del nervio en la rodilla de, por ejemplo, el 90%, que tendría aun más valor diagnóstico y pronóstico).

En esta situación clínica práctica, el pie caído, la *MUNE*, tal como se la concibe habitualmente en la forma de un recuento, literalmente, del número absoluto de unidades motoras que funcionan todavía en ese músculo tibial anterior, no sería probablemente el hallazgo neurofisiológico con mayor interés clínico para ese paciente, por varias razones. En primer lugar, porque interesa conocer también el estado del nervio, y el número de unidades motoras no se corresponde necesariamente con el número de axones. En segundo lugar no quedaría totalmente claro cómo interpretar una cifra dada de unidades motoras funcionantes en ese músculo parético en su valor absoluto en la práctica, porque ni se sabría si es totalmente correcta ni qué significado clínico tendría, al no saberse con exactitud cuál sería la cifra normal de unidades motoras en ese músculo concreto de esa persona en particular.

Lo más útil sería expresar la *MUNE* no como la cifra absoluta con el número de unidades motoras en ese músculo, sino en la forma del porcentaje de unidades motoras funcionantes del total de unidades motoras de ese músculo, cifra que expresada de este otro modo sí informaría tanto del estado funcional de las unidades motoras en ese músculo como del nervio, pero con un interés clínico práctico, como se acaba de ejemplificar hace dos párrafos (y una vez confirmado que se tratase, por ejemplo, de una compresión aguda en rodilla, con el resto de la exploración y de la anamnesis). Un porcentaje de unidades motoras funcionantes como expresión de la *MUNE* sí permitiría una estimación del estado funcional actual de ese miembro, con interés clínico, y ayudaría a llevar a cabo un pronóstico también. De ahí el interés en la investigación que aquí se presenta.

5. LA *MUNE*, UN CONCEPTO CLÁSICO EN NEUROFISIOLOGÍA CLÍNICA.

El asunto de la estimación del número de unidades motoras funcionantes en un músculo dado (*MUNE*) es un asunto "clásico" en neurofisiología clínica, un "tópico recurrente".

El término original fue el de *motor unit counting*, recuento de unidades motoras, pero, como es literalmente imposible contar con precisión las unidades motoras en un músculo de un paciente, en seguida el término derivó hacia *motor unit estimation*, y después al actual *motor unit number estimation* o *MUNE* [49].

La *MUNE* consiste básicamente en comparar alguna propiedad de las unidades motoras individuales, medida mediante la promediación de la magnitud de algún parámetro neurofiosiológico, con el valor correspondiente a todo el músculo, y de ahí determinar mediante una estimación el número de unidades motoras en ese músculo.

Al principio dicha propiedad fue la fuerza isométrica [50].

Posteriormente se ha recurrido también a la amplitud o al área del *CMAP*.

El número de unidades motoras que se busca con la *MUNE* se refiere al número de unidades motoras funcionantes. En caso de bloqueo axonal, y se insiste una vez más en este hecho, el número de unidades motoras funcionantes será menor que el número de motoneuronas alfa y axones, hecho a tener en cuenta a la hora de la interpretación clínica de los hechos si se obtienen resultados paradójicos con la *MUNE*.

El origen del concepto de la *MUNE* data de 1967. Entonces, McComas [51][49], al investigar el umbral de excitabilidad axonal (que como es sabido aumenta en neuropatías, por ejemplo, es característico de la neuropatía diabética), observó que al aumentar la intensidad del estímulo aumentaba gradualmente, y de manera proporcional al aumento de la intensidad del estímulo, la amplitud del *CMAP* obtenido con electrodos de superficie. Se preguntó entonces McComas si un incremento de amplitud dado del *CMAP* correspondería a la suma de una unidad motora individual, y si dicho incremento de amplitud identificaría por tanto a dicho PUM individual. Si esto fuese aproximadamente así, entonces la amplitud del *CMAP* podría servir para calcular la *MUNE* de algún modo.

No obstante, se le adivinan diversas pegas a esta idea como, por ejemplo, las variaciones en la amplitud del *CMAP* debidas a los cambios en la posición del electrodo de superficie; las variaciones en la amplitud del *CMAP* debidas a los cambios en la posición del electrodo son de cualquier manera menores con electrodos de superficie que con electrodos de aguja, que es otra de las alternativas para la *MUNE* que se barajaron desde un principio.

La medición con electrodo de aguja se ha considerado en ocasiones una medición "semicuantitativa", pues cambios en la posición de la aguja pueden dar lugar a cambios notables en el valor de la amplitud del *CMAP*.

De todos modos, aun el electrodo cutáneo presenta otras pegas si se pretende considerar la amplitud del *CMAP* como valor absoluto aislado, dado que este valor puede estar alterado por la desincronización del potencial, como ya se ha visto más arriba, que provoca una caída de la amplitud no relacionada directamente con la pérdida de axones o unidades motoras, sino con la diferente velocidad de conducción de los distintos axones en función del grado de desmielinización parcial de cada uno debida a los procesos de denervación y reinervación.

Así mismo, la amplitud del *CMAP* en su valor absoluto puede verse alterada al verse reducida por el distinto umbral de estimulación que presenten los distintos axones si, por ejemplo, presentan un grado diverso de madurez durante el proceso de reinervación. Una forma de detectar este hecho consiste en comprobar que el trazado electromiográfico de reclutamiento con máximo esfuerzo correspondiente no está simplificado en correlación con esta caída de la amplitud del *CMAP* (lo cual se puede interpretar de este modo gracias a que el patrón voluntario del electromiograma, el trazado de máxima contracción, aparte de ser un buen índice pronóstico, se correlaciona directamente con el número de axones funcionantes, [52][53][54][55]).

Y con electrodo de aguja todavía se produce otra situación más que dificulta la medición de la amplitud del *CMAP* en su valor absoluto, pero no por la reducción de su amplitud, sino por su aumento paradójico en caso de un proceso de denervación y reinervación: durante la fase de reinervación la amplitud puede aumentar de manera paradójica en relación con la hipertrofia compensadora, con la reinervación colateral de las fibras musculares supervivientes, o con ambas, lo cual se refleja en el aumento de la amplitud de los PUM correspondientes (y de la duración también en el caso de la reinervación colateral) [55].

Con el electrodo de superficie los cambios en el valor absoluto de la amplitud del *CMAP* en un mismo músculo tienen que ver de manera importante con la posición y orientación del electrodo, con el número y diámetro de las fibras musculares registradas y con la distancia entre el generador (la fibra muscular) y el electrodo. También hay que tener en cuenta que el electrodo superficial obtiene una muestra de las unidades motoras más superficiales, todo lo cual obliga a diversas precauciones de tipo técnico al recurrir a la amplitud del *CMAP* como parámetro neurofisiológico para el diagnóstico en general y para la *MUNE* en particular [56].

Hipotéticamente, ese aumento gradual de la amplitud del *CMAP* observado por McComas en 1967 podría deberse a la suma gradual de unidades motoras individuales, por el diferente umbral de estimulación de cada axón correspondiente a cada unidad motora.

No se ha demostrado si cada aumento de intensidad corresponde a una sola unidad motora, y se duda, debido a la llamada "superposición de umbrales" de los diversos axones estimulados (si dos axones poseen un mismo umbral y llega a ambos el estímulo, el siguiente aumento de amplitud del *CMAP* podría deberse a la suma de más de una unidad motora). Pero esto, que es bastante obvio, casi una perogrullada, por otro lado carece de excesiva importancia. Lo importante es que este sencillo trabajo de McComas referido al músculo sano trae a colación el asunto de la *MUNE* y su posible aplicación al músculo débil, y por tanto el posible aprovechamiento del concepto en la práctica clínica cotidiana con utilidad diagnóstica y pronóstica.

A lo largo de los años se han descrito diversos métodos para la *MUNE*. Algunos se basan en la amplitud del *CMAP*, y, aunque originalmente la idea era la de cifrar literalmente el número de unidades motoras en un músculo dado en su valor absoluto, por su posible utilidad clínica, en seguida, como es lógico, lo que se hizo también, con sentido práctico, fue buscar un valor relativo, tomando el valor absoluto de la amplitud del *CMAP* de un músculo dado y hallando un valor relativo comparando el absoluto con el valor normal esperado o mediante la comparación con la amplitud del *CMAP* contralateral si este último es probablemente normal, para obtener de este modo una estimación del valor de la *MUNE* ya no en referencia a el número absoluto de unidades motoras funcionantes, sino al porcentaje de unidades motoras funcionantes, o bien de axones bloqueados, según el caso, deriva técnica que parece más lógica y útil que la original [57][52][53][55]. De este modo, en vez de afirmar que un músculo dado conserva un número determinado de unidades motoras funcionantes, lo que se consigue es el poder afirmar, con mayor o menor precisión, que lo que ese músculo conserva es tal o cual porcentaje de unidades motoras funcionantes, aproximación numérica, esta última, más comprensible en la práctica clínica que la anterior, pues tiene más sentido afirmar que, por ejemplo, un paciente presenta un pie caído porque en su tibial anterior funcionan un 20% de las unidades motoras, que afirmar que presenta un pie caído porque en su tibial anterior funcionan, por ejemplo, 97 unidades motoras.

Esta *MUNE* basada en el porcentaje de bloqueo axonal o de unidades motoras funcionantes obtenido a partir de los valores relativos de la amplitud del *CMAP* registrado preferiblemente con electrodos de superficie es factible en primer lugar porque es lógico que sea factible, si se piensa [55]. Pero además es factible porque se ha comprobado que una pérdida de un determinado porcentaje de axones en un nervio motor produce una reducción proporcional en la amplitud del *CMAP* del músculo inervado por ese nervio motor. Dicho de otro modo: la amplitud del *CMAP* se correlaciona directamente con el número de motoneuronas viables [58][59](esto se ha comprobado en el caso del nervio facial, en concreto, que ha sido el nervio investigado para llegar a estas conclusiones, que probablemente son extrapolables a otros nervios motores).

El número de axones periféricos viables se correlaciona también con el área del *CMAP*, de ahí que la electroneurografía sea un indicador fiable de la integridad neural tras lesiones traumáticas del nervio facial del gato (que fue el sujeto de la investigación), y por extensión probablemente también del ser humano y de otros nervios aparte del facial [58][59].

En su idea original, como ya se ha dicho más arriba, la *MUNE* sirve para determinar el número de unidades motoras de un músculo dado. Existen diversas tablas de diferentes laboratorios sobre el número de unidades motoras de cada músculo explorado. Estos valores no suelen coincidir, de manera que ni hay un método estándar para la *MUNE* entendida de este modo, ni unos valores de referencia estándar.

De todos modos, sí se sabe que la *MUNE* se reduce a partir de la séptima década de la vida, probablemente en relación con la reinervación colateral que compensa este proceso de reducción del número de unidades motoras con la edad.

La utilidad clínica de la *MUNE* partiendo de la amplitud del *CMAP* podría ser tal vez, entonces, la de ayudar a detectar la denervación muscular, así como el grado de denervación, su severidad, y también monitorizar el curso de la denervación. A partir de la amplitud del *CMAP* resulta posible relacionar la *MUNE* (el número de unidades motoras) con la presencia y el grado de denervación.

Lógicamente una vez establecido esto, interesará también comparar la *MUNE* con otras técnicas neurofisiológicas. En algunos laboratorios, como se verá más abajo, incluso la han comparado con el análisis de unidad motora con electrodo de aguja, o con la medición del *jitter*, con la intención de obtener una información lo más completa posible y a la vez útil.

Una vez tomada la decisión de recurrir a la *MUNE* para darle un uso clínico, la variante técnica que se escoja debería estar en función de la simplicidad y rapidez de la misma, así como en su grado de acierto y reproducibilidad. Dicha exploración debería además ser completada con la medición *in situ* de la fuerza [49], como ya se ha mencionado previamente.

El trabajo inicial de McComas estimuló diversas vías de investigación, que llevaron a enfocar el asunto de la *MUNE* desde diversos puntos de vista, y con diversas posibles matizaciones técnicas y aplicaciones clínicas. Por ejemplo: según Doherty y Brown, y teniendo en cuenta que se ha solido considerar que hay una correlación entre la *MUNE* y la amplitud del *CMAP*, parece ser que la verdadera amplitud del *CMAP* solo se podría verificar si se registra en varios puntos sobre el músculo antes de estar seguros de haber hecho todo lo posible al respecto [60].

Este tipo de matizaciones son interesantes. De hecho, en la práctica, al obtener el *CMAP*, ya sea con electrodo de superficie o con electrodo de aguja concéntrico, suele ser preciso realizar varios intentos con estimulación supramáxima y detección en varios puntos del espesor del músculo antes de estar seguros de haber obtenido la amplitud máxima posible del *CMAP*, sobre todo cuando se trata del electrodo de aguja, y no sólo por la posición del electrodo de aguja respecto de las fibras (es decir, respecto del campo eléctrico de las fibras musculares, que influye en la amplitud del *CMAP*), sino incluso por factores pero que hay que tener en cuenta; por ejemplo: en una revisión del propio McComas de este asunto [49], y como ya se ha dicho previamente, se aclara que no se puede verificar en qué proporción la caída de amplitud de un *CMAP*, que indicaría una disminución del número de unidades motoras implicadas en la respuesta, se debería a una disminución del número de neuronas y en qué proporción al bloqueo axonal (lo cual hipotéticamente restaría utilidad a la *MUNE* para el diagnóstico topográfico en particular, aunque, en la práctica, por ejemplo, en el caso del pie caído por compresión del nervio peroneal en rodilla, no es así, pues, como es sabido y se verá también más adelante, suele ser posible superar estas limitaciones con la anamnesis, la exploración y el resto de los hallazgos clínicos, que suelen permitir aclarar estas dudas).

La amplitud del *CMAP* puede variar según la posición del electrodo por diversos factores, como el de la "alternancia", según el cual en diferentes puntos de registro varía la amplitud obtenida por la suma de axones con diferentes umbrales de estimulación, por esa diferencia entre los umbrales, lo cual llevaría además a un error en la estimación exacta del verdadero número máximo de unidades motoras funcionantes en ese músculo recurriendo al *CMAP* solamente (y es que uno de los aspectos más interesantes de la *MUNE* es la estimación de su valor máximo, expresado, por ejemplo, en forma de porcentaje, por su interés diagnóstico y pronóstico, sobre todo cuando el número de unidades motoras funcionantes no es el máximo posible en un músculo, es decir, cuando en el músculo fallan unidades motoras, que es uno de los hechos clínicos que interesa detectar en la práctica, lógicamente).

Bromberg [61] concluye que la pérdida de motoneuronas de segundo orden en asta anterior medular (*lower motor neurons*) se relaciona con la disminución de la amplitud del

CMAP. Como la amplitud del *CMAP* equivale al número de fibras musculares inervadas, la disminución de la amplitud del *CMAP* se relaciona, y de manera proporcional directa, con la disminución del número de unidades motoras funcionantes, y por tanto tiene que ver con la *MUNE*. Por ejemplo, una caída de la amplitud del 50% equivaldría a una pérdida del 50% de las unidades motoras, siempre y cuando esa caída de amplitud se deba a un bloqueo axonal, y no a una desincronización de la respuesta.

Una manera lógica de calcular la caída de amplitud consiste en la comparación de la amplitud del *CMAP* del lado enfermo con la amplitud del *CMAP* del lado sano (dado que los valores de amplitud absolutos normales de referencia en sanos se mueven en un rango demasiado amplio como para ser utilizables con suficiente precisión por sí mismos sin completar su valor con el de otros parámetros, o sin una comparación entre lado sano y enfermo en una misma persona; por supuesto, si ambos lados están enfermos este cálculo no es posible), de modo que el porcentaje de caída de la amplitud del *CMAP* en el lado afectado se correspondería con el porcentaje de pérdida de neuronas motoras. Por supuesto, la comparación con el lado sano tampoco posee una precisión del 100% aun estando seguros de que un lado está sano y el otro enfermo.

Es algo aceptado, por tanto, que la pérdida de motoneuronas se relaciona con la caída de la amplitud del *CMAP*, como se recuerda en diversos artículos, por ejemplo, en los de Bromberg [61], o Smith [62], etc.

Bromberg [61], Smith [62], etc. también reconsideran una vez más los problemas de esta aproximación a la medición del número de unidades motoras funcionantes en un músculo parético, un parámetro con evidente interés diagnóstico y pronóstico en diferentes procesos neurógenos, como puedan ser las enfermedades de la motoneurona, las radiculopatías, o las neuropatías, por ejemplo, por el valor de esta estimación para conocer el estado de la motilidad. Por ejemplo, y como ya se ha dicho previamente, en un paciente con un pie caído por una mononeuropatía del peroneal es clínicamente relevante llegar a saber si el músculo tibial anterior contrae un 0% de unidades motoras, o un 20%, al cabo de, por ejemplo, cuatro meses, ya que la evolución y el pronóstico para la recuperación funcional no serán los mismos, evidentemente. Y del mismo modo, si al cabo de tres meses la *MUNE* es de un 50%, la esperanza de recuperación funcional será mayor, porque, como se ha visto, la debilidad muscular se detecta clínicamente precisamente alrededor de esta cifra, por lo que, moverse por esa cifra supone estar en el límite en el cual, aunque no funcionen el 100% de las unidades motoras, el aspecto funcional puede ser casi normal o normal en lo que a la fuerza se refiere al menos (no en lo que a la resistencia se refiere, en cambio, que con una *MUNE* del 50% suele ser, según observaciones personales, menor de la normal, aunque este ya sería otro asunto).

Como se está viendo, la técnica basada sólo en el registro de la amplitud máxima del *CMAP*, que se utiliza con frecuencia en diversos centros (por ejemplo, para estimar el estado funcional del nervio facial en la parálisis facial comparando la amplitud del *CMAP* en ambos lados y extrapolando el porcentaje de axones que funcionan en el nervio facial afectado a partir de la razón entre las amplitudes de ambos lados) no es útil para cualquier situación clínica en que se quiera calcular la *MUNE*.

Como también se está viendo, la *MUNE* en un músculo se evalúa, dándole un significado clínico, integrando cabalmente las magnitudes de varios parámetros neurofisiológicos, habiendo para ello diversas posibilidades, y siendo una de esas posibilidades la de tomar la amplitud máxima alcanzada por el *CMAP* obtenido en el músculo afectado y su comparación con la amplitud en el músculo contralateral sano (la amplitud en el lado sano se toma en tal caso como medida de referencia normal).

La amplitud más frecuente del *CMAP* en la mayoría de los músculos explorados habitualmente es de alrededor de 12 mV, según observaciones personales. En niños las amplitudes son menores que en adultos, al ser los músculos más pequeños y estar las fibras musculares de cada unidad motora menos separadas en el paquete muscular. En adultos, y según observaciones personales, utilizando electrodo de aguja concéntrico, las amplitudes de los *CMAP* suelen oscilar entre 10-25 mV, un rango demasiado amplio, como se puede ver, como para tomar la amplitud en un paciente dado en su valor absoluto. En pedio la amplitud suele estar entre 6-25 mV. En el orbicular del párpado entre 1,5-5 mV; por ejemplo, alrededor de 1,5 mV en gente anciana y con hipotrofia senil, y de 5 mV en gente joven bien musculada. En el orbicular del labio la amplitud suele ser el doble que en el orbicular del párpado, aproximadamente.

La amplitud del *CMAP* suele correlacionarse bien con el porcentaje de bloqueo axonal cuando la pérdida de unidades motoras se debe a un bloqueo axonal (como es el caso en el pie caído por daño del nervio peroneal a la altura de la cabeza del peroné, situación clínica particular que es la que se somete aquí a investigación en relación con el asunto de la *MUNE*), y por tanto en estos casos la amplitud del *CMAP* suele correlacionarse bien con la *MUNE*, de ahí que la amplitud del *CMAP* suela considerarse en general una medición útil para llevar a cabo la *MUNE*. Pero no es así en todos los casos, por ejemplo, hay que tener en cuenta que con la desincronización del *CMAP* se reduce la amplitud del *CMAP* independientemente del grado bloqueo axonal, matices que hay que tener presentes, como se verá.

Y hay más pegas al uso indiscriminado de la amplitud del *CMAP* para la *MUNE*: también hay que tener en cuenta que la hipertrofia de fibras musculares propia de la primera fase de reinervación, independientemente de que sea directa o colateral (aproximadamente los primeros 3 meses del proceso de reinervación), dificultan o imposibilitan el establecimiento de una correlación exacta entre la amplitud del *CMAP* y el número de unidades funcionantes en un número importante de casos (e incluso hay que tener en cuenta que la temperatura altera también la amplitud de las respuestas).

Según observaciones personales en un músculo en parte atrofiado por denervación y en parte hipertrofiado por compensación es posible registrar amplitudes del *CMAP* incluso superiores a lo normal (comprobable, por ejemplo, no solo mediante un valor absoluto dado, sino también mediante comparación con el músculo contralateral sano), incluso aunque haya un bloqueo acusado, mayor del 50%, por ejemplo.

Por estos motivos, no se puede correlacionar en todo caso un valor absoluto o relativo de la amplitud de un *CMAP* con un porcentaje de unidades motoras funcionantes, así que deben tenerse en cuenta otros parámetros neurofisiológicos (y clínicos, se sobreentiende), aquellos que se puedan aprovechar en cada caso particular, cuyas magnitudes se deben integrar entre sí y con el valor de la amplitud del *CMAP*, y se deben correlacionar también con la clínica, e interpretarse correctamente, para que el diagnóstico final sea correcto y congruente. Es más: por regla general, como se irá viendo, con frecuencia resultará más útil el trazado de máxima contracción, en correlación con la clínica, para estimar el número de unidades motoras funcionantes, que la amplitud del *CMAP*, a pesar de ser esta última un criterio posiblemente de los más tenidos en cuenta con frecuencia en la práctica cotidiana convencional, por su inmediatez y reproducibilidad.

Para incluir el valor de la amplitud del *CMAP* en un protocolo diagnóstico en el que se vaya a hacer la *MUNE* habría que tener en cuenta las limitaciones del recurso al valor de la amplitud del *CMAP*, y buscar la manera de solventarlas. Una manera lógica sería tratando de compatibilizar dicho valor con el del resto de los parámetros que se puedan utilizar para un valor de la *MUNE* dado, de modo que al ser compatibles (verdaderos al mismo tiempo) unos cubriesen las deficiencias de otros que no lo fuesen, en sucesivos pacientes, y fuese posible así integrarlos en un resultado final coherente y útil. En esta investigación se busca la manera de llevar a cabo dicha compatibilización, como se verá.

La caída de la amplitud del *CMAP* también se puede deber a una atrofia muscular (cuyo origen por su parte puede ser diverso), no sólo al bloqueo axonal, por lo que la *MUNE* basada en la amplitud del *CMAP* no discriminaría con especificidad el bloqueo axonal de la disminución del número de neuronas en estos casos tampoco, por el sesgo debido a una caída de la amplitud en relación con una atrofia que podría, o no, tener que ver con un hipotético bloqueo axonal, con una hipotética pérdida de neuronas motoras, con una hipotética pérdida de unidades motoras, con todos, o con ninguno (como sería el caso de la atrofia por desuso, por ejemplo, o por caquexia también).

McComas [49] afirma, como ya se ha visto, que la técnica que se emplee para la *MUNE*, con fines clínicos, ha de ser rápida y simple, precisa y reproducible.

McComas [63] también opina, como ya se ha visto, que la *MUNE* debería completarse con el balance muscular, como cualquier neurofisiólogo avezado acaba comprobando con la propia experiencia clínica diaria.

Y, por supuesto, la conjunción de clínica, en referencia al balance muscular en concreto, y electromiograma, y sobre todo la realización del balance muscular en el curso de la propia realización de un electromiograma, es una idea clásica en Neurofisiología Clínica, que no sólo cualquier neurofisiólogo avezado acaba comprobando por sí mismo, sino que además está recogida en los tratados clásicos de la especialidad, como el de Kimura [7].

A lo largo de este ensayo ya se ha hecho mención a varios parámetros neurofisiológicos cuya integración podría tener interés en la práctica clínica cotidiana en relación con el uso de la *MUNE* con fines diagnósticos, por ejemplo: la amplitud del CMAP, su duración (por ejemplo, en relación con su desincronización), el balance muscular, el trazado de máxima contracción (el patrón de reclutamiento voluntario), y la actividad patológica en reposo (que indicaría daño axonal).

Una vez más se va a insistir en lo importante que es conocer las posibles fuentes de error al usar la amplitud del *CMAP* tanto en su valor absoluto como en el relativo. Hay que tener en cuenta su variabilidad en función de cómo se coloque el electrodo, el tipo de electrodo, la edad del paciente, la temperatura corporal, el valor de la amplitud propio de cada persona (que oscila significativamente entre distintas personas), el aumento paradójico de la amplitud del *CMAP*, tanto en el caso de la reinervación colateral a largo plazo (más allá de 3 meses), como en el caso de la hipertrofia compensadora a corto plazo tras denervación (los primeros 3 meses), y hay que tener en cuenta la disminución paradójica de la amplitud en caso de desincronización del *CMAP*, por ejemplo, por desmielinización focal, así como otras fuentes de error que se han ido mencionando a lo largo del texto; por ejemplo: la amplitud del *CMAP* puede estar reducida no sólo por la disminución del número de unidades motoras, sino también por una polineuropatía de fondo sobreañadida, o por atrofia muscular, sea esta neurógena, miógena o por mero desuso.

El conjunto de parámetros que se utilicen para llevar a cabo la *MUNE* de manera integral debería conciliar y resolver estos problemas que presenta el uso de la amplitud del *CMAP* aisladamente. De manera integral quiere decir que el conjunto, la *MUNE*, permanece como un todo, es decir, que sigue siendo posible llevarla a cabo en pacientes sucesivos, aun en ausencia de alguna de sus partes en la suma, por ejemplo, si algunos de los parámetros se pueden utilizar en algunos pacientes y en otros no (no todos los parámetros son utilizables para llevar a cabo la *MUNE* en todos los pacientes, si están sesgados).

Para realizar la *MUNE* se lleva a cabo en diversos laboratorios, con frecuencia, y por poner un ejemplo, una razón entre el valor máximo de la amplitud del *CMAP* y el valor medio de las amplitudes del *CMAP* obtenido con estímulos de intensidad creciente. Supuestamente las amplitudes crecientes obtenidas con estímulos de intensidad creciente corresponden al reclutamiento de una unidad motora nueva con cada aumento concreto de amplitud correspondiente a un aumento concreto de intensidad del estímulo, todo ello bastante impreciso, como se ve, pues, por ejemplo, no hay garantías de que esa media de amplitudes crecientes corresponda a una serie de unidades motoras individuales sumadas sucesivamente.

No obstante, independientemente de la variante técnica a la que se recurra, la técnica de la *MUNE* sigue teniendo un interés clínico potencial evidente, por lo que interesaría dar de una vez con una técnica sencilla y fiable que poder utilizar con los pacientes.

Daube [64] ha recalcado más recientemente lo que se acaba de decir, que conocer el número de axones que inervan un músculo o un grupo muscular es un dato importante para el diagnóstico de algunos procesos neurógenos, y que clásicamente se estima en la práctica con cálculos como los que se basan en la amplitud del *CMAP* (ya sea en su valor absoluto o, preferiblemente, en su valor relativo, por ejemplo, mediante la comparación con el lado sano, que es otra técnica convencional común desde hace décadas, o, como se ha dicho, mediante una razón entre el valor máximo dado del *CMAP* y el valor medio de las amplitudes del *CMAP* obtenido con estímulos de intensidad creciente, u otras técnicas más sofisticadas que están en desarrollo en diversos laboratorios).

Como ya se ha visto, y como todo neurofisiólogo avezado acaba descubriendo por sí mismo, las magnitudes medidas tomadas en su valor absoluto para la *MUNE*, u otras estimaciones relacionadas, como la estimación del número de motoneuronas funcionantes, son imprecisas o engañosas con frecuencia por motivos diversos, y sin embargo la *MUNE* es una técnica de uso cotidiano, de modo que el problema está servido.

Para Espadaler [65], y continuando con la revisión de las afirmaciones de diversos autores sobre este asunto, sobre la utilidad potencial de la *MUNE*, la *MUNE* hace posible la estimación del número de unidades motoras, al permitir una evaluación objetiva de la población de unidades motoras existentes en un músculo, del ritmo de progresión de su desaparición y de la distribución de la misma.

Espadaler recuerda que hay diversas técnicas descritas, como la de McComas, que, como se ha visto, consiste en obtener amplitudes crecientes del *CMAP* de manera proporcional con un aumento progresivo de la intensidad de los estímulos, hallando a continuación la amplitud media de 10 y dividiendo la amplitud máxima por la media. Según Espadaler, y como ya se ha dicho varias veces, esto presupone, aunque no garantiza, que cada aumento de amplitud con el aumento de la intensidad del estímulo corresponderá a una unidad motora. Otra pega a esta técnica, como ya se ha visto, aparte del hecho de no estar comprobado que un aumento de la amplitud del *CMAP* correspondería a una unidad motora, es que así sólo se explora la parte superficial del músculo, al utilizar electrodos superficiales [51][66][67].

Otra técnica para la *MUNE*, de entre las diversas que se han descrito, es la de Brown [68], la técnica *spike-triggered*, que ya se había mencionado de pasada más arriba, que combina el uso del electrodo cutáneo con el electrodo de fibra simple. En esta técnica un potencial de fibra simple dispara el registro con el cutáneo. Se toman a continuación 10 PUM obtenidos así, se calcula la media de sus amplitudes y se divide el *CMAP* máximo por esa media. Esta técnica asume que esas 10 unidades motoras representan el total, y que el potencial de cada unidad motora suma algebraicamente la respuesta motora máxima al estímulo, amén de que se trata de una técnica más invasiva que otras y que requiere de una buena colaboración del sujeto.

Otra técnica, la de de Koning [69], es la basada en el macro-EMG. Es parecida a la *spike-triggered*, pero con un electrodo de macro-EMG, en vez de con uno de fibra simple.

Hay más técnicas descritas, diversas, de hecho, y ninguna de ellas la estándar de momento. Por ejemplo, según la técnica de Bromberg [70] se compara la fuerza isométrica con la *MUNE* y con otros parámetros electromiográficos.

Considera Bromberg que ningún parámetro se correlaciona mejor con la fuerza del paciente que la *MUNE*, que conforme avanza la denervación la fuerza se correlaciona peor con los datos de denervación, por la reinervación colateral, mientras que la *MUNE* sigue correlacionándose con la pérdida de neuronas motoras. Este es otro motivo para intentar hacer de la *MUNE*, que posee una evidente utilidad clínica potencial, una técnica más aprovechable en la práctica cotidiana más allá de las aplicaciones que se han estado promoviendo con más hincapié hasta ahora (su uso en la esclerosis lateral amiotrófica, sobre todo).

Las diferentes técnicas de la *MUNE* parece ser que se han aplicado hasta ahora sobre todo para evaluar la evolución de la pérdida de unidades motoras en la esclerosis lateral amiotrófica [71][23]. Algo que han observado es que los cambios en la *MUNE* son más sensibles a los cambios en la esclerosis lateral amiotrófica que los cambios en la amplitud del *CMAP* (que también es un parámetro habitualmente utilizado para evaluar la velocidad de progresión de la esclerosis lateral amiotrófica), o que la fuerza. Otro argumento a favor del interés potencial de la *MUNE*.

Una de las diferencias entre las diversas técnicas descritas para la *MUNE* lo constituye el método estadístico empleado para su cálculo [72]. Según Blok, una de las técnicas más usadas es el método estadístico de *MUNE* desarrollado por Daube, por ser fiable, sensible y reproducible. Se basa en el análisis matemático de la variación en el tamaño de la amplitud del *CMAP* al registrarlo en respuesta a trenes de estímulos submáximos de igual intensidad. El *CMAP* así grabado es variable por la alternacia (*alternation*): cuando los rangos de reclutamiento (rangos de intensidades de estímulos sobre los que la probabilidad de disparo aumenta de 0 a 1) de un número de unidades motoras se superpone, cualquier combinación de estas unidades motoras puede ser activada con estímulos sucesivos de igual intensidad. Las propiedades estadísticas de la variación en el tamaño del *CMAP* grabado se utiliza para obtener una estimación del tamaño medio de las unidades motoras, y por tanto una *MUNE* [73][74][75].

Como se puede apreciar, este tipo de consideraciones técnicas se van volviendo progresivamente más incomprensibles por su sofisticación y complejidad, de tal manera que fácilmente se pierde el hilo de lo que están diciendo cuando van por la mitad de una explicación como la precedente, así como se va dejando de entrever que interés clínico podrían tener en la práctica semejantes disquisiciones.

Según Thomas [85], la progresiva sofisticación de las técnicas neurofisiológicas introduce un exceso de "ruido" en el resultado (por decirlo de algún modo), por lo que se debe depender de las técnicas de las que se conocen bien los rangos de normalidad.

Sería preferible mayor claridad, concisión y concreción, y una mayor orientación clínica de cualquiera de estos avances que se pretenda incorporar en la técnica electromiográfica, en este caso, en la técnica de la *MUNE*, que es de lo que se está tratando aquí.

De todos modos, diversos autores de los citados coinciden en que sólo una comparación con una técnica que denominan "de oro" (*golden standard*) haría posible calcular la validez de los diversos métodos de *MUNE*. No se dispone de dicho estándar, aunque algunos de ellos consideraron en su momento que la *MUNE MPS* (*multiple point stimulation*) de alta densidad sería la técnica más aceptable de entre las existentes.

Últimamente, por seguir señalando hacia dónde está derivando la investigación del asunto de la *MUNE* en estos tiempos, se ha comprobado que una variante de la *MUNE*, el *MUNIX*, podría ser un marcador fiable de la pérdida de unidades motoras en enfermedades como la esclerosis lateral amiotrófica. El *MUNIX* da un índice del número de neuronas motoras funcionantes en un músculo dado. Utiliza, para el cálculo, PUM detectados con electrodo superficial. El *MUNIX* sirve para calcular el número y tamaño de las unidades motoras usando el *CMAP* y el *SIP* (*surface electromyographic interference pattern*). Con el *MUNIX* se obtiene un índice en relación con el número de unidades motoras, no el número de unidades motoras en sí (que como ya se ha visto más arriba parece poco útil en la práctica clínica, frente a lo que sí sería útil: el porcentaje de unidades motoras funcionantes). Para este cálculo primero obtienen el *CMAP*. A continuación obtienen el *SIP* mediante varias mediciones con 5 niveles de fuerza isométrica, de mínima a máxima, durante 5 periodos de 300 ms. Con estos valores se obtiene una curva con el área del *SIP* en abscisas y el *ideal case motor unit count (ICMUC)* en ordenadas, siendo el *ICMUC* un cálculo llevado a cabo mediante una regresión a partir del área y la amplitud del *SIP* (*sic*). Por tanto, el *MUNIX* es similar a otros métodos de *MUNE*, calcula la amplitud media de los *SMUP* (*surface motor unit potential*) y después la *MUNE*. La diferencia es que con el método *MUNIX* el cálculo se hace al revés: en primer lugar se calcula el *MUNIX*, un índice, y a partir de este índice se infieren la *MUNE* y finalmente el *SMUP* [76][77].

Boekestein [78] ha comparado el *MUNIX* con el *HD-MUNE* (*high density motor unit number estimation*) en sujetos sanos y con esclerosis lateral amiotrófica. Con el avance de la enfermedad, tanto el *HD-MUNE* como el *MUNIX* mostraron mayor caída relativa en sus valores que la caída de amplitud del *CMAP*, y sin diferencia entre *HD-MUNE* y *MUNIX*. Esto convierte a ambas técnicas en maneras potenciales de detectar la pérdida de unidades motoras. Que sean potenciales quiere decir que de momento no ha sido confirmado que esa mayor caída de la *HD-MUNE* y del *MUNIX*, en comparación con la caída del *CMAP*, sea un marcador clínico de la pérdida de unidades motoras en la esclerosis lateral amiotrófica.

La *HD-MUNE* combina la *MUNE* con la *high-density surface EMG*, que consiste en el registro simultáneo con el estímulo a partir de múltiples electrodos repartidos en el espacio con gran densidad, lo cual permite reconocer los *SMUP (single motor unit potentials)*, y así correlacionarlo mejor con los incrementos de amplitud del *CMAP* durante la elaboración de la *MUNE* con estímulos de intensidad creciente. En la situación ideal todas las unidades motoras tienen el mismo tamaño y no se superponen. En tal caso la *MUNE* podría ser obtenida a partir del *CMAP* máximo y el electrodo de superficie de alta densidad, contando unidades motoras individuales usando el *MUNIX*.

Como se ve, el mayor esfuerzo en los avances de la técnica de la *MUNE* en época reciente se está haciendo sobre todo en su aplicación para el seguimiento evolutivo de la esclerosis lateral amiotrófica [79].

6. EL PRESENTE Y EL FUTURO DE LA MUNE; OBJETIVOS DE ESTA INVESTIGACIÓN.

Según Daube, se está buscando un método definitivo para calcular la *MUNE* de una manera fiable desde hace unos 30 años, un método con el cual llegar a conocer de manera fiable, por ejemplo, el número de axones que inervan un músculo dado (dato que se puede inferir en algunos casos a partir de la *MUNE)*; método que, según Daube, sería tal vez incluso más interesante para ciertos diagnósticos y pronósticos que las clásicas mediciones de latencia, velocidad, duración y amplitud en un electroneurograma, o que la detección de fibrilaciones en un electromiograma. Según Daube, tal vez nunca se consiga este objetivo. Tal vez sí, dado que, aunque todo no es posible (como atestiguan, por ejemplo, las leyes de conservación en física), algunas cosas parecen imposibles solamente hasta que alguien las lleva a cabo.

Los diversos caminos que han seguido los investigadores durante los últimos años para afrontar el problema de la *MUNE*, hayan tenido estos una mayor o menor orientación clínica, o una mayor o menor orientación meramente académica, sorprenden por lo diversos que son [80].

El caso es que, enfocar la *MUNE* con el objetivo de determinar con la mayor precisión y fiabilidad posibles cuál es el porcentaje de axones que conducen a un músculo parético, o, desde otro punto de vista: determinar el número de unidades motoras funcionantes en un músculo o un grupo muscular, ya sea, por ejemplo, como fruto de una pérdida de neuronas, o por bloqueo axonal (extremos que se pueden desvelar con otras técnicas distintas y complementarias a la *MUNE*, usadas en la práctica clínica cotidiana), y ya sea por afectación de tronco nervioso o raíz, etc., tiene un interés clínico evidente.

Por poner un ejemplo: los otorrinolaringólogos utilizan este dato, el número de axones del nervio facial que conducen a la musculatura facial, clínicamente, para establecer no sólo el estado del nervio, sino también el pronóstico de la parálisis facial periférica. Por ejemplo: si en una parálisis facial el bloqueo axonal es mayor del 90% al cabo de, por ejemplo, tres meses, el pronóstico es peor que si es menor de este 90%, en cuanto al tiempo que va a llevar la recuperación, así como la probabilidad de presentar secuelas (paresia residual, sincinesias, etc.), estableciéndose en otorrinolaringología un punto de corte con esta cantidad del 90% en concreto. De ahí el interés en determinar ese porcentaje con la mayor precisión posible. Pues bien, este tipo de determinaciones con uso clínico práctico son una forma de plantearse el problema de cómo llevar a cabo la *MUNE*, y de cómo darle un uso clínico práctico.

Como ya se ha visto, es evidente que si se detectan al cabo de los meses, mediante la *MUNE*, un 10% de unidades motoras funcionando en un músculo facial clínicamente pléjico, por una sección traumática del nervio correspondiente, el pronóstico será mejor que si se confirmase un bloqueo del 100%, con un 0% de unidades motoras funcionantes, es decir, con una conducción por un 0% de las fibras del nervio a la musculatura de la cara (que podría indicar una axonotmesis completa, e incluso una neurotmesis). Como se ve, son datos con un interés clínico práctico evidente y que permitirían un diagnóstico más perfecto cuanto mejor se llevasen a cabo, útiles por la mayor exhaustividad con la que se podría exponer al paciente su situación, y por la mayor información de la que se dispondría para optar por una u otra de las diversas opciones terapéuticas disponibles según el caso (por ejemplo, servirá a medio plazo para valorar la conveniencia o no de operar al paciente en el caso de la parálisis facial periférica), así como para un pronóstico.

Tan sólo con la *MUNE* llevada a cabo con la razón de amplitudes del *CMAP* no será a priori posible distinguir si el porcentaje de unidades motoras funcionantes por músculo tiene su origen en un defecto de un tronco nervioso (neuropatía), o en una raíz nerviosa (radiculopatía), o en el propio soma neuronal (neuronopatía), etc. Pero el objetivo de la *MUNE* en general no es el de aclarar el diagnóstico topográfico (ni el etiológico), que se logrará con otros métodos (y su integración), sino la determinación del número de unidades motoras funcionantes en un músculo, por su evidente interés clínico de por sí, añadido al resto de la información clínica, tanto por su valor diagnóstico (valoración más precisa del estado funcional del miembro parético o pléjico) como pronóstico (previsión de su estado funcional en el futuro y valoración del progreso de la reinervación y de la recuperación funcional de unidades motoras a lo largo de la evolución mediante electromiogramas sucesivos).

Tómese por ejemplo el caso del pie caído. El pie caído unilateral con origen en el sistema nervioso periférico (segunda neurona motora) es un cuadro clínico de presentación frecuente, con el que se tiene personalmente alguna experiencia clínica [81].

El pie caído unilateral puede tener un diagnóstico topográfico y etiológico diverso, por ejemplo, y de manera general: la radiculopatía lumbar L4, L5, o ambas, la mononeuropatía del nervio peroneal (sección, compresión, diabetes, etc.), la enfermedad de la motoneurona (segunda, primera, o ambas), y la parálisis de primera motoneurona (tumor cerebral, etc.). En el caso del pie caído bilateral habría que añadir más causas, como la polineuropatía, algunas miopatías (distrofia de Steinert), otra vez la enfermedad de la motoneurona (esclerosis lateral amiotrófica, amiotrofia espinal distal grave, etc.), etc.

El pie caído se puede valorar electromiográficamente, y, básicamente en lo que a la *MUNE* se refiere, midiendo el número de unidades motoras funcionantes, o, lo que es lo mismo, la pérdida de unidades motoras en el músculo tibial anterior. Esta pérdida se puede determinar, por ejemplo, mediante parámetros como el de la simplificación del trazado de máxima contracción en un electromiograma convencional, o mediante una caída en el valor absoluto o relativo de la amplitud del *CMAP* registrado en este músculo con estímulo en cabeza de peroné, o mediante el balance muscular, o todos ellos.

El valor de la pérdida de unidades motoras obtenida con estas mediciones será independiente de la causa: sea cual sea la causa, la determinación de la pérdida de unidades motoras reflejará sólo el hecho en sí de la pérdida de unidades motoras en tibial anterior en un porcentaje dado. Por ejemplo, si en el balance muscular se obtiene una fuerza de grado 4, se podrá estimar que la pérdida de unidades motoras será al menos, y aproximadamente, de un 50%; y a la misma conclusión se llegará si el trazado de máxima contracción está simplificado sin llegar a simple, y si la amplitud del *CMAP* es un 50% menor que la contralateral.

Si la *MUNE* se lleva a cabo mediante el cálculo del porcentaje de pérdida de unidades motoras funcionantes en un músculo afectado, su mayor o menor interés como parámetro neurofisiológico clínico, y ya se ha dicho que lo tiene, dependerá también de la fiabilidad y precisión con que se pueda afinar el cálculo de ese porcentaje de unidades motoras funcionantes en ese músculo con pérdida de unidades motoras.

De entrada, y como ya se ha dicho, en la práctica clínica cotidiana se dispone básicamente de tres vías, complementarias entre sí, que se suelen considerar de manera integral, para llevar a cabo, con sentido práctico, el cálculo del porcentaje de unidades motoras funcionantes en el músculo tibial anterior en el caso de, por ejemplo, el pie caído (al margen de las otras técnicas que se han mencionado hasta ahora para la *MUNE*, como la técnica con aumento progresivo de la intensidad del estímulo, el *MUNIX* y demás):

1. El balance muscular.
2. El trazado de reclutamiento durante máxima contracción.
3. La amplitud del *CMAP*.

Como se ha visto más arriba, el balance muscular se puede medir así: 0, ausencia de contracción muscular; 1, contracción sin movimiento; 2, movimiento a favor de la gravedad; 3, movimiento en contra de la gravedad; 4, movimiento contra pequeña resistencia; 5, fuerza normal.

Se acepta convencionalmente que la pérdida de fuerza se aprecia clínicamente en el balance muscular cuando la pérdida de unidades motoras, o de neuronas motoras de segundo orden, o de ambas (dependiendo de la patogenia en cada caso), es aproximadamente de un 50% o mayor, dado que la evidencia disponible por el momento, basada en el trabajo pionero en este sentido de Hansen y Ballantyne [22], lleva a pensar así.

A partir del balance muscular se puede tener ya una primera estimación de la pérdida de unidades motoras en tibial anterior en el curso de un pie caído; en principio: fuerza 4 equivaldría a una pérdida de unidades motoras de un 50% aproximadamente.

Otra vía para estimar el número de unidades motoras funcionantes en tibial anterior en un paciente con pie caído es el trazado electromiográfico de máxima contracción, pues, actualmente, en función de la evidencia disponible, es aceptado convencionalmente que la simplificación del trazado empieza a apreciarse, en general, cuando la pérdida de unidades motoras es del 50% aproximadamente, como explica José María Fernández en el tratado de Neurología de Codina [25].

Y una tercera vía es la amplitud del *CMAP* registrado en tibial anterior con estimulación supramáxima en rodilla, tomando el valor de la amplitud como referencia directa para la *MUNE* a pesar de sus limitaciones (y teniéndolas en cuenta), comparando la amplitud en el lado enfermo o bien con el valor esperado para el músculo en la población general (por término medio 10-12 mV, aunque puede ir desde 8 mV hasta 25 mV, lo cual supone una dificultad para este parámetro tomado en su valor absoluto, por su amplio rango de variabilidad), o bien comparándola con el valor obtenido en el tibial anterior del otro miembro (suponiendo, para empezar, que el músculo del otro lado esté sano, que es una limitación para esta técnica en particular), en cuyo caso la pérdida de unidades motoras en el tibial anterior afectado correspondería aproximadamente al porcentaje de caída de la amplitud en el lado afectado, en comparación con el lado sano o con el valor de referencia, al ser dicha caída de la amplitud y la pérdida de unidades motoras proporcionales. Si la magnitud de este parámetro se mide utilizando un electrodo de aguja, habrá que tomar el valor máximo obtenido tras varios ensayos, dada la variabilidad de la amplitud del *CMAP* obtenido con electrodo de aguja en función de la posición del electrodo en el espesor del músculo.

Hay una serie de dificultades técnicas que incluso anulan el recurso a este parámetro de la amplitud del *CMAP* en ocasiones, aun disponiendo de un *CMAP* contralateral adecuado. Por ejemplo: si el *CMAP* patológico está desincronizado no se sabrá de manera fiable cómo afecta en cada caso a la *MUNE* esta desincronización (entre otras razones, porque habitualmente hay una combinación variable, e indeterminable con precisión, entre el daño axonal y el de la mielina). Así mismo, si ha comenzado el proceso de reinervación directa, colateral, o ambas, en el tibial anterior denervado, tampoco se sabe si hay manera de corregir el, en ocasiones, notable aumento de la amplitud del *CMAP* debido a la reinervación en sus sucesivas fases: hipertrofia compensatoria primero y reinervación después, ya sea colateral o directa. En ambos casos (hipertrofia y reinervación) la reinervación se acompaña de un aumento de la amplitud de PUM individuales, o del *CMAP*, o de los trazados electromiográficos de máxima contracción, o de todos ellos, pero sin una clara proporcionalidad directa entre todos ellos en todo caso, ni tampoco con clara proporcionalidad inversa con la pérdida de unidades motoras, por lo que cualquier prejuicio al respecto puede llevar a un error diagnóstico en lo que a la *MUNE* se refiere, si no se tienen en cuenta estos factores al valorar los parámetros en juego; simplemente no hay una referencia fiable y precisa en este momento para aclarar estos extremos, por lo que en la práctica clínica cotidiana la *MUNE* suele basarse en una inferencia a partir de una combinación de los tres parámetros: el balance muscular, el trazado electromiográfico de reclutamiento durante la máxima contracción y la amplitud del *CMAP*. Pero aun combinando estos tres parámetros, en ocasiones no es posible hacer la *MUNE* adecuadamente, o con la precisión necesaria, por las limitaciones de la técnica llevada a cabo de este modo.

El hallazgo de signos electromiográficos de reinervación en tibial anterior (hipertrofia compensadora de PUM como preludio, polifasia inestable posteriormente y más adelante polifasia estable, con aumento de la duración y amplitud de los PUM, aumento de la amplitud del trazado de máxima contracción, valorable sobre todo cuando está simplificado, así como un aumento de la fuerza en el balance muscular sin un aumento correlativo del número de unidades motoras funcionantes estimado a partir del trazado) dificulta o imposibilita el recurso a la amplitud del *CMAP* como único parámetro para estimar el número de unidades motoras funcionantes. De modo que la amplitud del *CMAP* es un parámetro con limitaciones en la práctica en un número de casos.

Para empezar a buscar la manera de corregir estas fuentes de error excesivo y perfeccionar la técnica de la *MUNE* habría que dar una serie de pasos ordenadamente. Por ejemplo, habría que tratar de averiguar, dado que una simplificación del trazado electromiográfico de máxima contracción significa aproximadamente un 50% de pérdida de unidades motoras, qué significaría un trazado simple, es decir, qué significado tendría, en lo que a la *MUNE* se refiere, la situación extrema en lo que a la pérdida de unidades motoras valoradas con el trazado de máxima contracción se refiere, porque el trazado simple es la situación inmediatamente anterior a una *MUNE* del 0%. Por tanto, el trazado simple probablemente corresponderá a una *MUNE* menor de un 50% pero mayor de un 0%. Saber a qué porcentaje de *MUNE* correspondería el trazado simple serviría para saber cuál es la *MUNE* mínima detectable con el trazado de máxima contracción entre una *MUNE* del 50% (trazado simplificado pero no simple) y el 0% (ausencia de trazado). Así se tendría una cuarta referencia que añadir a las tres previas, y que podría ayudar en este esfuerzo por compatibilizar a las otras tres (por ejemplo, tratando de averiguar a qué correspondería el trazado simple en el caso del balance muscular y de la amplitud del *CMAP*).

¿A qué *MUNE* correspondería un trazado simple en el que se observa un solo PUM en el trazado de máxima contracción? Si se pudiese compatibilizar la presencia de un solo PUM en un trazado simple con una fuerza mínima en el balance muscular, por ejemplo, de 0 o 1, y con un *CMAP* de amplitud mínima, reducida claramente por debajo de un 50%, supóngase, tal vez, en un 90% (y siendo esta caída de amplitud fiable, no sesgada), se podría tener una nueva referencia (a partir del trazado simple) acerca del porcentaje de la *MUNE*, se dispondría de una cuarta referencia para valores de la *MUNE* distintos al 0% y menores al 50% (siendo la *MUNE* del 50% el valor de partida estimable de manera más fiable para iniciar este planteamiento encaminado a solucionar el problema de la *MUNE*, recurriendo para esa estimación en el caso del 50% a la combinación de los tres parámetros citados: el *CMAP* reducido a la mitad en su amplitud, el trazado simplificado pero no simple y la fuerza de grado 4). Por tanto, parece interesante averiguar, entre otras cosas, a qué porcentaje de *MUNE* correspondería el trazado simple con descarga de un solo PUM durante la máxima contracción de ese músculo.

En cuanto a la descarga de un PUM en un trazado simple, uno de los problemas a resolver para que sea fiable a la hora de llevar a cabo la *MUNE*, es el de la confirmación de estar ante un trazado de contracción verdaderamente máxima. La clave para confirmar que un trazado electromiográfico en el que aparece un solo PUM es un trazado de contracción máxima, aparte del balance muscular que se lleva a cabo simultáneamente a la realización del electromiograma, suele estar en parte en la frecuencia de batida de dicho PUM.

Por regla general es aceptado que la frecuencia de batida de un PUM durante la contracción con esfuerzo muscular máximo oscila entre 20 y 50 Hz, lo cual sería la pista clave para determinar que en efecto se está, por ejemplo, ante un trazado simple verdadero, y no un trazado falsamente simple por esfuerzo muscular insuficiente por parte del paciente.

Durante un esfuerzo pequeño la frecuencia de contracción de un PUM suele ser de 5-15 Hz [25].

Kimura [7] (página 229) cifra la frecuencia de batida de una unidad motora durante la máxima contracción entre "algo" y 30 Hz. Estos 30 Hz, que son bastante distintos a los 50 Hz citados más arriba, se explican por lo siguiente: a partir de aproximadamente 30 Hz no es posible identificar PUM individuales en el trazado normal, pues a partir de tales frecuencias el trazado ya se ha vuelto interferencial, salvo que esté simplificado, en cuyo caso sí se podrán llegar a observar frecuencias superiores a 30 Hz.

También es un hecho conocido que en caso de denervación la frecuencia de batida de los PUM individuales en el trazado simplificado aumenta de frecuencia como compensación central ante la denervación parcial con origen periférico (este hecho no se podrá tener en cuenta si hay una gran afectación central a la vez que la periférica, lógicamente, ya que en caso de afectación central ocurre lo contrario: disminuye dicha frecuencia; de todos modos, en estos casos con trazado simplificado en los que hay afectación de primera y segunda neurona motora a la vez, personalmente se ha observado un hecho curioso: durante un esfuerzo máximo es posible observar PUM batiendo con frecuencia baja, menor de 10 Hz, quizá por afectación de la primera neurona motora de esas unidades motoras, a la vez que PUM batiendo con frecuencia alta, quizá por no haber afectación de la primera neurona motora de estas otras unidades motoras).

En la práctica, el límite superior de frecuencia detectable en un PUM individual (en un trazado simplificado, o en uno simple) suele ser de unos 40 Hz (aproximadamente). Según observaciones personales, la frecuencia de batida de los PUM individuales en el músculo denervado con trazado simplificado oscila entre 10 y 40 Hz, por regla general.

Digresión al margen: esto de la frecuencia de descarga de un PUM entre 10-40 Hz tiene otra implicación interesante aunque no tenga que ver con la *MUNE*, y es la siguiente: una frecuencia menor de 10 Hz de los PUM individuales de un trazado simplificado suele indicar, con bastante seguridad diagnóstica, sobre todo si la clínica es compatible (si hay signos de piramidalismo o extrapiramidalismo, por ejemplo), una disminución de la sumación temporal, y por tanto, una alteración de origen central; de hecho, ya una frecuencia de 13-14 Hz puede indicar alteración central en ocasiones, si la frecuencia máxima original de ese PUM fuese, por ejemplo, 20 Hz, y si la clínica fuese compatible, claro está.

Otra digresión al margen: un dato que podría tener alguna utilidad ocasional, en este asunto de la frecuencia de descarga de los PUM en condiciones neuropáticas, es el parámetro que se obtiene con la razón entre la frecuencia media de descarga y el número de unidades motoras activas, tal como lo describe Kimura [7] (página 250). Si la razón es menor de 5, el resultado es normal, pero si es mayor de 10, indica pérdida de unidades motoras, pues estaría indicando la citada mayor frecuencia de descarga en dicha circunstancia.

7. SUJETOS Y MÉTODOS DE ESTA INVESTIGACIÓN CLÍNICA.

Se ha elaborado una serie con los 39 pacientes que, a lo largo de 16 meses, se han atendido personalmente y de manera sucesiva, en medio hospitalario, por estar afectados de pie caído unilateral con origen en segunda neurona motora.

El diagnóstico de los 39 pacientes de esta serie fue primeramente topográfico (diversas posibilidades a priori: nervio, raíz, médula, encéfalo, etc.), después etiológico (sobre todo a partir de la anamnesis: traumatismo, hernia discal, compresión aguda en cabeza del peroné, etc.), y también patogénico (neurapraxia, axonotmesis, etc.). El diagnóstico también incluyó la *MUNE*, expresada en tanto por ciento, dado que la *MUNE* permite cifrar el grado de daño, porque, sabiendo las unidades motoras que todavía funcionan (la *MUNE* propiamente dicha), se infiere por eliminación el grado de pérdida de unidades motoras, para así conocer el estado funcional actual tanto del nervio (el grado de bloqueo axonal) como correlativamente del músculo (el tanto por ciento de unidades motoras funcionantes).

La determinación de este tanto por cien posee interés clínico, como también lo posee el hecho de usar esta información para establecer un pronóstico (en general, cuanto más parético el músculo, más lejana la recuperación, sobre todo si hay axonotmesis), y para poder valorar lo más certeramente posible la evolución con ulteriores reexploraciones electromiográficas.

Se les realizó a estos 39 pacientes el balance muscular y la exploración electromiográfica, valorando el trazado en reposo y en máxima contracción, y haciendo el análisis de los PUM también, especialmente durante la contracción máxima, como se verá, en vez de durante una contracción mínima, que es lo habitual.

Los barridos utilizados fueron de 100 ms/división para los trazados de reclutamiento y de 5 ms/división para obtener los *CMAP*. Los filtros se colocaron en 100 Hz y 10 kHz. La sensibilidad se situó en 200 y 2000 mcV/división respectivamente. Se utilizaron electrodos de electromiografía de Ambu, de 25 x 0,3 mm. El electromiógrafo utilizado fue un Cadwell Sierra II.

Se obtuvo en todos los pacientes el *CMAP* del lado afectado y del contralateral, valorando en el *CMAP* de ambos lados la amplitud y la duración (la latencia también se obtuvo en todos los pacientes, pero no se le encontró utilidad para el cálculo de la *MUNE*; así mismo, tampoco se le encontró valor al sexo ni a la edad de los pacientes para los fines de esta investigación, por lo que ya no se tuvieron en cuenta estos datos en los resultados ni en las conclusiones). Se calculó la razón entre la amplitud del *CMAP* del lado afectado y el lado sano (que no siempre fue posible o valorable de manera significativa por razones diversas, como se verá). Con esta razón de amplitudes se hizo una estimación inicial del probable número de unidades motoras funcionantes o *MUNE* en el tibial anterior parético de los pacientes de esta serie, que luego fue corregida en función del sesgo que se observase en el valor de la amplitud del *CMAP* así cómo en función de hasta qué punto se compatibilizara este valor relativo de la amplitud del *CMAP* con el valor de la *MUNE* obtenido con el resto de los parámetros utilizados, tomándose en mayor consideración en cada caso los valores menos sesgados y los más compatibles entre sí y con la *MUNE*, lógicamente.

Como la caída de la amplitud del *CMAP* no se debe a bloqueo axonal en todos los casos, es preferible, desde un punto de vista clínico, con sentido práctico, la vinculación de la razón de dicha caída con el porcentaje de unidades motoras funcionantes en tibial anterior, pues, como ya se ha dicho, la *MUNE* no sirve para el diagnóstico topográfico (por ejemplo, para distinguir raíz o nervio, o para distinguir neuronopatía de neuropatía periférica) que se debe hacer por otra vía, y así se ha obrado, como se irá viendo en la exposición de los casos clínicos, uno a uno, en el capítulo sobre los resultados y su interpretación.

También se valoró un parámetro más en cada paciente, que a la larga fue la clave en todo este asunto: el **número de PUM individuales distintos** que se pudieron distinguir y por ello contar en cada caso **en el trazado de máxima contracción del músculo tibial anterior afectado**. Para contar los PUM individuales se programó el electromiógrafo con los filtros a 100-10000 Hz, la sensibilidad a 500 mcV/división y el barrido a 10 ms/división.

Antes de ir con los resultados de esta serie, una cosa más: todas las exploraciones, incluyendo los *CMAP*, se llevaron a cabo con electrodo de aguja bipolar concéntrica, no con electrodos de superficie. En esta serie se utilizaron electrodos con área de registro de 0,03 milímetros cuadrados, que, como se sabe, aparte de resultar menos molestos para la exploración, por su menor calibre, parece ser que dan lugar a amplitudes de los PUM relativamente mayores [82].

Aunque la amplitud del PUM presenta un rango de normalidad demasiado amplio, y no se puede afinar mucho a partir de este parámetro en todo caso en relación con la *MUNE* [83], el electrodo de aguja permite una valoración más versátil del *CMAP* que el electrodo cutáneo, pues se pueden obtener más muestras desde más puntos distintos del músculo, siendo el *CMAP* escogido en cada caso, para esta investigación acerca de la manera de obtener la *MUNE* en la práctica clínica cotidiana, el de mayor amplitud de entre los diversos *CMAP* obtenidos, tanto en el lado sano como en el enfermo.

El modo de obtener el *CMAP* óptimo, el de mayor amplitud, en esta serie, se basó en el método ensayo/error, insertando el electrodo en diversos puntos del espesor del músculo, y estimulando en cada caso el nervio a la altura de la rodilla para buscar así el *CMAP* de mayor amplitud, o también localizando primero un punto en el músculo con PUM de amplitud óptima con el programa de PUM (trazado en barrido libre), pasando luego al programa de *CMAP* (programa de conducción motora) sin mover del sitio el electrodo, para obtener ese *CMAP* óptimo respetando la última posición del electrodo (esta versatilidad técnica explica en parte por qué es preferible el electrodo de aguja al cutáneo).

Esta serie se formó con pacientes afectados por pie caído unilateral con origen en segunda neurona motora enviados a Neurofisiología Clínica por este motivo durante un periodo de unos 16 meses por diversos especialistas, en diferentes estadios evolutivos de su pie caído, para realizar un electromiograma, contabilizándose un total de 39 casos (2,4 al mes).

Las magnitudes de los parámetros se darán con un decimal (se redondeará el segundo decimal), y los porcentajes de la razón de amplitudes se redondearán al 0,05 (5%).

Los 39 casos clínicos se presentan a continuación en orden cronológico:

8. CASOS CLÍNICOS, RESULTADOS E INTERPRETACIÓN DE LOS RESULTADOS.

Caso clínico 1: mujer de 41 años con lupus eritematoso sistémico, que presenta de forma brusca pie izquierdo caído tras permanecer con la pierna izquierda cruzada sobre la derecha durante más de 15 minutos. Lado derecho normal. Explorada al cabo de una semana del comienzo de los síntomas.

Digresión al margen: esta cantidad de tiempo, 15 minutos al menos, o más, se repite de manera constante en la anamnesis en pacientes con neuropatía compresiva aguda, según observaciones personales, y parece ser un posible tiempo límite a partir del cual la compresión nerviosa se acompaña de paresia o plejía muscular como secuela. A esto se le podría denominar la "regla de los 15 minutos".

Resultados de la exploración neurofisiológica:

En el balance muscular de tibial anterior izquierdo (flexión dorsal del tobillo): fuerza, 0.

Trazado electromiográfico de máxima contracción en tibial anterior izquierdo: simple, de 1,4 mV.

Recuento de PUM durante la contracción máxima en tibial anterior izquierdo: se distinguen 2 PUM individuales distintos, con amplitud, morfología, duración y estabilidad interna dentro de límites fisiológicos.

CMAP en tibial anterior izquierdo con estímulo en la cabeza del peroné y registro con electrodo de aguja concéntrico; amplitud: 1,3 mV; duración: 14,7 ms.

CMAP en tibial anterior derecho; amplitud: 13,9 mV; duración: 16,8 ms.

Razón de amplitudes entre *CMAP* izquierdo y derecho: +/- 0,1; es decir, +/- 10%. La amplitud en el lado izquierdo es un 10% de la amplitud en el lado derecho (el resultado es de 0,09; redondeando: 0,1).

Interpretación clínica de los resultados: en primer lugar, nótese que aunque la fuerza es 0 en el músculo tibial anterior izquierdo, sí hay contracción muscular todavía (se observan 2 PUM en el trazado de máxima contracción), de manera que desde este punto de vista se podría decir que el electromiograma es más sensible que el balance muscular, ya que desde el punto de vista del balance el músculo estaría pléjico, en cambio desde el punto de vista del electromiograma el músculo estaría parético, y por tanto con un pronóstico más halagüeño y más preciso en este segundo caso.

La amplitud de los PUM en tibial anterior izquierdo está dentro de límites fisiológicos, de modo que la razón de amplitudes de los *CMAP* es aprovechable, al no estar sesgada, y es significativa, e indica un bloqueo de aproximadamente un 90% de la conducción motora por el nervio peroneal izquierdo a la altura de la rodilla, que es el lugar donde se detecta el bloqueo de la conducción en este caso, bloqueo posiblemente en relación con una compresión aguda del nervio peroneal izquierdo sufrida a la altura de la cabeza del peroné al mantener la pierna izquierda cruzada sobre la derecha durante más de 15 minutos.

La fuerza 0, más la razón de amplitudes del 10%, con una duración normal del *CMAP* (que por tanto no muestra signos de desincronización del mismo), y unos PUM de amplitud normal, indican que la *MUNE* probablemente es del 10% y que 2 PUM podrían equivaler, por tanto, a un bloqueo del 90%, o a una *MUNE* del 10%, que es uno de los hechos que se está tratando de determinar con esta investigación.

De modo que el número de PUM individuales que se pueden contar durante la máxima contracción podría ser ese parámetro útil para hacer la *MUNE* que se está buscando, no sólo por servir para llevar a cabo la *MUNE*, sino también por ser capaz de compatibilizar a los demás cuando alguno de los otros esté sesgado, porque si el número de PUM fuese preciso, reproducible en sucesivos pacientes, y fiable al no verse afectado por los diversos sesgos que se pueden producir, y a priori debería serlo (a diferencia de la razón de las amplitudes de los *CMAP* en algunos casos, aunque no en este caso, en que sí es fiable el valor de la amplitud del *CMAP*), y libre de los fallos de los otros parámetros (por ejemplo, el balance muscular puede confundir plejía con paresia, o puede no detectar pérdida de unidades motoras en individuos con la fuerza conservada a pesar de la pérdida), podría ser lo que se está buscando: la solución al problema de la *MUNE*, el parámetro definitivo que permitiría llevar a cabo la *MUNE* de manera rápida, precisa y fiable en la práctica clínica cotidiana, en el mayor número de casos posible. Además, si la medición del número de PUM permitiera compatibilizar al resto de los parámetros habituales (siendo verdadero a la vez que los demás parámetros que fuesen verdaderos en cada caso), balance muscular, trazado de máxima contracción y amplitud del *CMAP*, es decir, si el recuento de PUM fuese aprovechable para la *MUNE* en todos los pacientes, a diferencia del resto de los parámetros, que no son aprovechables en todos los pacientes, tal vez se solucionaría así este viejo problema de cómo llevar a cabo la *MUNE* de manera rápida y eficaz en la práctica clínica cotidiana, y ofrecer una alternativa útil a otras técnicas para la *MUNE* en ciertos casos.

Caso 2: mujer de 51 años sin factores de riesgo conocidos con pie izquierdo caído de manera brusca al levantarse de la cama una mañana. Se explora tras más de tres semanas después del comienzo de los síntomas.

Resultados de la exploración:

Balance muscular de tibial anterior izquierdo: fuerza, 0.

Trazado electromiográfico de máxima contracción en tibial anterior izquierdo: no hay trazado, no contrae el músculo.

Recuento de PUM en tibial anterior izquierdo durante la contracción máxima: 0 PUM.

CMAP izquierdo: sin respuesta, lo cual indica un bloqueo de la conducción motora en rodilla del 100%.

CMAP derecho: irrelevante en este caso, al no ser precisa la comparación con este lado por ser el bloqueo en el lado afectado de un 100%.

Razón de amplitudes entre *CMAP* izquierdo y derecho: irrelevante.

Además, en la exploración electromiográfica se observa también actividad denervativa (fibrilaciones y ondas positivas), que indica una probable axonotmesis del nervio.

Interpretación clínica de los resultados: un *CMAP* ausente, una fuerza de 0, y un recuento de PUM de 0 indican una *MUNE* del 0% en tibial anterior izquierdo, o lo que es lo mismo, un bloqueo del 100% del nervio peroneal izquierdo por posible compresión aguda del nervio peroneal en la rodilla, por mala postura en la cama mientras dormía, una situación que se observa con frecuencia en la práctica.

Caso 3: mujer de 33 años con pie caído izquierdo al salir del quirófano, tras cirugía mayor abdominal. Acude a exploración 2 días después del inicio del problema.

Resultados de la exploración:

Balance muscular de tibial anterior izquierdo: fuerza, 0.

Trazado electromiográfico de máxima contracción de tibial anterior izquierdo: trazado simple, de 1,3 mV de amplitud.

Recuento de PUM en tibial anterior izquierdo: 2 PUM.

CMAP izquierdo; amplitud: 1,5 mV; duración: 15,3 ms.

CMAP derecho; amplitud: 12,6 mV; duración: 16,9 ms.

Razón de amplitudes entre lado izquierdo y derecho (1,5/12,6): +/- 10%.

Interpretación clínica de los resultados: las amplitudes del trazado y de los PUM, que están dentro de límites fisiológicos, así como la duración del *CMAP*, indican que no se observan signos de reinervación en el tibial anterior (en relación con este cuadro o con algún otro antecedente remoto, como pudiera ser una radiculopatía antigua), ni de desmielinización, que influyan en dichas amplitudes, por lo que la razón de amplitudes de los *CMAP* es aprovechable. Se obtiene como resultado que 2 PUM, una razón de amplitudes del 10%, un trazado simple y una fuerza de 0 coinciden de nuevo, son compatibles entre sí, al ser todos ellos compatibles con una *MUNE* en tibial anterior con un valor probable del 10% aproximadamente, lo cual refuerza la idea previa de que 2 PUM podrían significar una *MUNE* del 10% (desde luego, ni significan un 0% ni un 50%).

Caso 4: mujer de 30 años con pie caído izquierdo, de inicio brusco, tras permanecer con la pierna izquierda cruzada sobre la derecha durante más de 15 minutos. Acude a exploración la primera semana tras el inicio del cuadro.

Resultados de la exploración:

Balance muscular de tibial anterior izquierdo: fuerza, 2.

Trazado electromiográfico: simplificado, de 1,6 mV.

Recuento de PUM en tibial anterior izquierdo: 4 PUM.

CMAP izquierdo; amplitud: 3,4 mV; duración: 19,1 ms.

CMAP derecho; amplitud: 17,3 mV; duración: 14,8 ms.

Razón de amplitudes de los *CMAP*: 3,4/17,3 = +/- 20%.

Además, en vista de que la duración del *CMAP* en el lado izquierdo está ligeramente aumentada en comparación con el otro lado, se lleva a cabo también la razón de duraciones, que da como resultado un 20% en este caso.

Interpretación clínica de los resultados: la razón de las duraciones, que también se podría tener en cuenta en este caso, señala un aumento de +/- el 20% en la duración del *CMAP* en el lado izquierdo, aumento que sin embargo no parece ser significativo, pues la *MUNE*, atendiendo a la razón de amplitudes, sería del 20%, que parece compatible con que la fuerza sea de 2, y, en principio, también podría serlo con que el número de PUM sea 4 en este caso, que es mayor de 2 PUM, que como se ha visto en casos anteriores parecería corresponder a una *MUNE* del 10%. Por tanto, fuerza 2, trazado simplificado, razón de amplitudes del 20% y PUM 4 podrían entonces corresponder a una *MUNE* del 20%, si nada lo contradijese.

Caso 5: varón de 67 años con pie derecho caído al salir del quirófano, tras cirugía mayor. Acude a hacerse el electromiograma al cabo de varias semanas, tras reponerse de la cirugía.

Resultados de la exploración:

Balance muscular de tibial anterior derecho: fuerza, 4.

Trazado electromiográfico de máxima contracción en tibial anterior derecho: trazado simplificado de 1,2 mV.

Recuento de PUM en tibial anterior derecho: 7 PUM.

CMAP derecho; amplitud: 3 mV; duración: 31,1 ms.

CMAP izquierdo; amplitud: 16,7 mV; duración: 19,3 ms.

Razón de amplitudes: +/- 20%.

Además, en la exploración electromiográfica se observó actividad denervativa en tibial anterior derecho. También se observó que el *CMAP* derecho estaba desincronizado. La razón de duraciones fue de un +/- 40% de aumento en el lado derecho.

Interpretación clínica de los resultados: el aumento de la razón de duraciones, que es del 40%, probablemente sea significativo en este caso con semejante magnitud, a diferencia del caso anterior, pues la razón de amplitudes no coincide con la *MUNE* que indicarían el resto de los parámetros en este caso, porque la razón de amplitudes, que es del 20%, indicaría una *MUNE* del 20%, que es incompatible con la fuerza, que es de 4 e indicaría una *MUNE* alrededor del 50%, e incompatible con el trazado, simplificado pero no simple, que indicaría lo mismo, una *MUNE* que estaría alrededor del 50%, lo cual estaría en coherencia además con la detección de un mayor número de PUM, 7 en este caso, número mayor que ese número de 2 que se obtenía en el paciente con una *MUNE* probablemente del 10%, y mayor de ese número de 4 PUM que se obtenía en el paciente con una *MUNE* probablemente del 20%. Entre la *MUNE* derivada de la razón de amplitudes, el 20%, que sería una conclusión probablemente incorrecta, ya que probablemente será mayor, y la que los otros parámetros indicarían, aproximadamente un 50%, media ese 40% de aumento de la duración, que podría explicar la baja amplitud del *CMAP* derecho y el hecho de que en este caso la amplitud del *CMAP* no sea un buen indicador de la *MUNE*. Además, no se dispone de un factor de corrección de la amplitud en función de la duración. La conclusión es que la *MUNE* es probablemente del 50% en este caso. El *CMAP* es engañoso en esta ocasión. 7 PUM indicarían tal vez una *MUNE* del 50% aproximadamente entonces, en congruencia con una fuerza de 4 y un trazado simplificado.

Caso 6: varón de 73 años con pie izquierdo caído al levantarse de la cama (posibles factores de riesgo: prostatismo y operación de neoplasia gástrica). Acude a hacerse el electromiograma al cabo de varias semanas.

Resultados de la exploración:

Balance muscular de tibial anterior izquierdo: fuerza, 2.

Trazado electromiográfico de máxima contracción en tibial anterior izquierdo: simple de 1,2 mV.

Recuento de PUM en tibial anterior izquierdo: 3 PUM.

CMAP izquierdo; amplitud: 1,8 mV; duración 16,7 ms.

CMAP derecho; amplitud: 6,5 mV; duración: 16,5 ms.

Razón de amplitudes: 30%.

Interpretación clínica de los resultados: la razón de amplitudes es de un 30%, pero no es aprovechable en este caso, pues la amplitud en lado derecho es baja también, indicando, por ejemplo, una posible polineuropatía de fondo que anula la validez de la razón de amplitudes.

Además, una amplitud en el lado izquierdo relativamente tan baja, de 1,8 mV, sin aumento de la duración ni desincronización, indica que la *MUNE* probablemente sea incluso menor que ese 30%. Todo ello indica una *MUNE* de menos del 50%, al ser el recuento de PUM de 3, pero posiblemente mayor del 10%, con esa fuerza de 2 sin haber signos de reinervación en el trazado, y un trazado simple que también indicaría una *MUNE* rondando esos valores del 10 o el 20%. Con este resultado la *MUNE* probablemente sea del 20% aproximadamente en este caso (de modo que 3 o 4 PUM indicarían una *MUNE* del 20%).

Caso 7: mujer de 41 años, con pie derecho caído al levantarse de la cama. Sin factores de riesgo conocidos. Explorada en la primera semana tras el comienzo del cuadro.

Resultados de la exploración:

Balance muscular de tibial anterior derecho: fuerza, 3.

Trazado electromiográfico de máxima contracción en tibial anterior derecho: trazado simplificado de 1,4 mV.

Recuento de PUM en tibial anterior derecho: 5 PUM.

CMAP derecho; amplitud: 2,3 mV.

CMAP izquierdo; amplitud: 15,6 mV (las duraciones, que fueron irrelevantes, no se anotaron en este caso).

Razón de amplitudes: +/- 15%.

Interpretación clínica de los resultados: con estos hallazgos, y comparándolos con los de los casos anteriores, la *MUNE* más probable será menor del 50%, y debería rondar el 20% otra vez, ya que con 5 PUM difícilmente se acercará al 10%, a pesar de una razón de amplitudes del 15%, al haber una fuerza de 3, sin signos de reinervación y un trazado simplificado pero no simple (de modo que una *MUNE* del 20% correspondería a 3-5 PUM).

Caso 8: mujer de 58 años con pie caído izquierdo por sección de nervio peroneal en rodilla, por corte con cuchillo. Acude a hacerse el electromiograma al cabo de varios meses.

Resultados de la exploración:

Balance muscular de tibial anterior izquierdo: fuerza, 1.

Trazado muscular de máxima contracción en tibial anterior izquierdo: simplificado, de 14,9 mV.

Recuento de PUM en tibial anterior izquierdo: 5 PUM.

CMAP izquierdo; amplitud: 21,6 mV; duración: 10 ms.

CMAP derecho; amplitud: 18 mV; duración: 10,9 ms.

Razón de amplitudes: +/- 120%.

Interpretación clínica de los resultados: con esta razón de amplitudes, que es paradójica, porque presenta mayor amplitud en el lado enfermo, cuando debería ser al revés, el lado parético tendría una *MUNE* un 20% mayor que el lado normal, lo cual es absurdo, o, dicho de otro modo, tendría una *MUNE* mayor del 100%, que aparte de absurdo es imposible. La razón para esta amplitud paradójica es que los PUM de las unidades motoras funcionantes en el músculo afectado, que son aquellas unidades motoras que siguen estando inervadas porque los axones correspondientes no han sufrido una axonotmesis por el corte en la rodilla, presentan una amplitud aumentada, como se aprecia, por ejemplo, en la amplitud del trazado, de 14,9 mV, superior a la amplitud normal. Esta amplitud aumentada de los PUM restantes es debida probablemente a la hipertrofia muscular compensadora en respuesta temprana (primeros meses) a la denervación, y a la reinervación colateral posteriormente, cuando esta haya comenzado a tener lugar (a partir del tercer mes de evolución, aproximadamente). De modo que la amplitud del *CMAP* tampoco sería aprovechable en este caso.

Con el resultado obtenido, comparándolo con los de los casos anteriores, la *MUNE* probablemente sea del 20%, por el número de PUM, 5, un trazado simplificado pero no simple (tanto los PUM como el trazado orientan a una *MUNE* menor del 50% y que además se aproximaría a un 20% más que a un 10%) y una fuerza de 1 (que es baja e indicaría una *MUNE* baja, pero que con el resto del resultado no parece que pueda ser tan baja como un 10%, a pesar de ser tan baja la fuerza, aunque téngase en cuenta que en una sección traumática además de nervio se secciona tendón y músculo, lo cual puede introducir un sesgo en el balance muscular).

Caso 9: mujer de 73 años con pie caído derecho en relación con la colocación de una prótesis de cadera en ese mismo lado. Acude a hacerse el electromiograma al cabo de un mes y medio.

Resultados de la exploración:

Balance muscular de tibial anterior derecho: fuerza, 0.

Trazado electromiográfico de máxima contracción: ausencia de trazado.

Recuento de PUM: 0 PUM.

CMAP derecho: ausencia de respuesta.

CMAP izquierdo: irrelevante.

Razón de amplitudes: irrelevante.

Otros hallazgos: se observa actividad denervativa en tibial anterior derecho, que es un signo de que ha habido axnotmesis.

Interpretación clínica de los resultados: en estos casos de pie caído tras colocación de prótesis, el electromiograma, por ser en ocasiones los hallazgos superponibles en ambos casos, no hace posible determinar en todo caso si la lesión se debe a compresión del nervio peroneal en la rodilla o a lesión proximal de los axones al colocar la prótesis por estiramiento traumático de los mismos en el plexo lumbosacro, maniobra en la que de manera característica se lesionan los que van al músculo tibial anterior. Se consiga o no determinar el lugar exacto de la lesión en todo caso, lo que sí se puede determinar en este caso es que ha habido axonotmesis, que podría ser parcial o total (en caso de duda al respecto, esto se podría terminar de confirmar mediante un control electromiográfico evolutivo), y que la *MUNE* es del 0%, que tiene interés clínico de por sí, independientemente de si se consigue o no determinar el punto exacto de la lesión. Conocer la *MUNE* y la presencia de actividad denervativa, sumado a la edad de la paciente y al resultado de los electromiogramas sucesivos, posiblemente sí influirá en el pronóstico, e incluso en el tratamiento, en la indicación precoz de una prótesis para el pie, por ejemplo.

Caso 10: varón de 24 años con pie caído derecho tras cirugía mayor abdominal. Acude a hacerse el electromiograma al cabo de unos meses.

Resultados de la exploración:

Balance muscular de tibial anterior derecho: fuerza, 0.

Trazado electromiográfico de máxima contracción en tibial anterior derecho: ausencia de trazado.

Recuento de PUM en tibial anterior derecho: 0 PUM.

CMAP derecho: ausencia de respuesta.

CMAP izquierdo: irrelevante.

Razón de amplitudes: irrelevante.

Otros hallazgos: actividad denervativa en tibial anterior derecho.

Interpretación clínica de los resultados: de nuevo, como en casos anteriores, con 0 PUM, fuerza: 0, *CMAP* y trazado inobtenibles (y actividad denervativa, señal de que ha habido axonotmesis) la *MUNE* es compatible con un 0% de unidades motoras funcionantes en ese músculo.

Caso 11: mujer de 22 años con pie caído izquierdo tras tener la pierna izquierda cruzada sobre la derecha durante más de 15 minutos. Acude a hacerse el electromiograma al cabo de un mes.

Resultados de la exploración:

Balance muscular de tibial anterior izquierdo: fuerza, 4.

Trazado electromiográfico de máxima contracción: simplificado, de 1,4 mV.

Recuento de PUM: PUM, 7.

CMAP izquierdo; amplitud: 7,7 mV; duración 14,8 ms.

CMAP derecho; amplitud: 19,6 mV; duración: 16,2 ms.

Razón de amplitudes: +/- 40%.

Otros hallazgos: actividad denervativa en tibial anterior izquierdo.

Interpretación clínica de los resultados: en primer lugar hay que hacer notar que 7 u 8 PUM es el límite a partir del cual los PUM individuales empiezan a interferirse, y por ello deja de ser ya posible contarlos individualmente. Es el límite en el que empieza a emerger el trazado interferencial (y el interferencial puede estar completo, o no, y estar más o menos simplificado).

Como se puede observar, los hallazgos en este caso son compatibles con una *MUNE* del 50% aproximadamente, de modo que un recuento de PUM de 7 probablemente corresponderá a una *MUNE* del 50%.

Caso 12: mujer de 70 años con pie caído izquierdo al levantarse de la cama por la mañana. Acude a hacerse el electromiograma al cabo de varios meses.

Resultados de la exploración:

Balance muscular de tibial anterior izquierdo: fuerza, 2.

Trazado electromiográfico de máxima contracción: trazado simplificado de 9 mV.

Recuento de PUM: 4 PUM.

CMAP izquierdo; amplitud: 5,3 mV; duración: 18,6 ms.

CMAP derecho; amplitud: 13,9 mV; duración: 15,9 ms.

Razón de amplitudes: +/- 40%.

Otros hallazgos: *CMAP* en tibial anterior izquierdo desincronizado. Se observan PUM neurógenos en tibial anterior izquierdo, con polifasia larga de hasta 20 ms en algunos de ellos. Razón de duraciones de los *CMAP* del 15%.

Interpretación clínica de los resultados: en este caso el valor de la amplitud del *CMAP* como parámetro para llevar a cabo la *MUNE* parece estar distorsionado, por un lado, por la desincronización del *CMAP* en el lado enfermo, a pesar de que el aumento relativo de la duración del *CMAP*, del 15%, se produce en escasa cuantía, y, por otro lado, por el aumento de la amplitud que probablemente se está produciendo por la reinervación colateral, que parece ser el factor predominante en el resultado de la razón de amplitudes. La razón de amplitudes, del 0,4, es relativamente alta para el grado de fuerza, que es de 2. La fuerza posiblemente debería ser mayor para esas amplitudes, dado que se observan signos de una probable y notable hipertrofia compensadora, y de reinervación, como se aprecia en la amplitud del trazado, de 9 mV y en los PUM polifásicos de duración notablemente alargada. La fuerza no parece suficientemente compensada a pesar de la hipertrofia y de la reinervación colateral. De esto se colige que la razón de amplitudes posiblemente sea engañosa en este caso también, siendo la *MUNE* más probable la estimada a partir de los otros parámetros, que sí son compatibles entre sí, y que lo son en este caso con la *MUNE* más probable, que es del 20% aproximadamente.

Caso 13: mujer de 80 años con pie caído derecho al levantarse por la mañana de la cama. Exploración al cabo de algunos meses.

Resultados de la exploración:

Balance muscular de tibial anterior derecho: fuerza, 0.

Trazado electromiográfico de máxima contracción en tibial anterior derecho: ausencia de trazado.

Recuento de PUM: 0 PUM.

CMAP derecho: ausencia de respuesta.

CMAP izquierdo: irrelevante.

Razón de amplitudes: irrelevante.

Otros hallazgos: actividad denervativa en tibial anterior derecho.

Interpretación clínica de los resultados: con estos hallazgos, la *MUNE* es de un 0%.

Caso 14: varón de 76 años con pie caído derecho en relación con colocación de prótesis de rodilla. Exploración al cabo de varios meses.

Resultados de la exploración:

Balance muscular de tibial anterior derecho: fuerza, 0.

Trazado electromiográfico de máxima contracción: ausencia de trazado.

Recuento de PUM: 0 PUM.

CMAP derecho: ausencia de respuesta.

CMAP izquierdo: irrelevante.

Razón de amplitudes: irrelevante.

Otros hallazgos: actividad denervativa en tibial anterior derecho.

Interpretación clínica de los resultados: ausencia de respuesta motora en tibial anterior y presencia de actividad denervativa, con 0 PUM funcionantes. *MUNE* del 0%, por tanto.

Caso 15: varón de 57 años con pie caído derecho al levantarse por la mañana de la cama. Posible factor de riesgo: enolismo. Exploración al cabo de varias semanas.

Resultados de la exploración:

Balance muscular de tibial anterior derecho: fuerza, 3.

Trazado electromiográfico de máxima contracción: simplificado, de 1 mV.

Recuento de PUM: más de 7 u 8, resultando ya incontables de manera individual con precisión por tanto.

CMAP derecho; amplitud: 2,2 mV; duración: 34,7 ms.

CMAP izquierdo; amplitud: 20,6 mV; duración: 14,5 ms.

Razón de amplitudes: +/- 10%.

Otros hallazgos: se observa actividad denervativa en tibial anterior derecho, que una vez más indica una probable axonotmesis parcial del nervio peroneal, posiblemente a la altura de la rodilla. El *CMAP* en el lado derecho está desincronizado y tiene la duración aumentada en un 60%, en comparación con el del lado izquierdo.

Interpretación clínica de los resultados: la duración del *CMAP* está aumentada en un 60% en el lado derecho. Si se tomase en este caso la razón de amplitudes para la *MUNE* esta sería del 10%, lo cual sería incompatible con el nivel de fuerza, el número de PUM observados en el recuento y el tipo de trazado electromiográfico de máxima contracción, los cuales orientan a una *MUNE* de alrededor del 50%, que es el resultado más lógico para esta estimación.

Quizá habría que desarrollar un método para, dependiendo de su magnitud, tener en cuenta el porcentaje de aumento de la duración del *CMAP* para corregir la

MUNE a partir de la razón de amplitudes cuando la duración aumenta. Pero, revisando el asunto caso por caso en esta serie, poco a poco se va haciendo patente que tal vez no sea necesario, porque va pareciendo posible calcular la *MUNE* recurriendo al número de PUM individuales identificables al obtener el trazado de máxima contracción con la ganancia y el barrido adecuados.

Caso 16: mujer de 57 años con pie caído izquierdo en relación con radiculopatía L5 izquierda. Explorada al cabo de varias semanas de evolución.

Resultados de la exploración:

Balance muscular de tibial anterior izquierdo: fuerza, 2.

Trazado electromiográfico de máxima contracción: simplificado, de 1 mV.

Recuento de PUM: 5 PUM.

CMAP izquierdo; amplitud: 2,5 mV; duración: 16 ms.

CMAP derecho; amplitud: 18,8 mV; duración: 19 ms.

Razón de amplitudes: +/- 10%.

Otros hallazgos: actividad denervativa en tibial anterior izquierdo.

Interpretación clínica de los resultados: estimulando a la altura de la rodilla se ha obtenido una amplitud baja del *CMAP* en tibial anterior izquierdo, un hecho frecuente en radiculopatías lumbosacras, y que es debido posiblemente a una degeneración walleriana de los axones de la raíz L5, distribuidos en la pierna por el nervio peroneal. Esta baja amplitud del *CMAP* con estímulo en rodilla por radiculopatía podría llevar a un diagnóstico erróneo de mononeuropatía del peroneal (por ejemplo, por compresión del nervio a la altura de la rodilla) si no se tuviese en cuenta la posibilidad de esta degeneración walleriana desde la raíz.

El valor de la razón de amplitudes indicaría una *MUNE* del 10% aproximadamente, pero con 5 PUM individuales en el trazado, que además está simplificado pero no es simple, lo más probable es que sea mayor del 10%; y una fuerza de 2 tampoco permite concluir con certeza que la *MUNE* sea del 10%, sino que podría ser mayor. Además, con estos valores, la *MUNE*, aun siendo mayor del 10%, debería estar lejos del 50%. Con estos hallazgos, y en coherencia con los hallazgos en los casos previos, la *MUNE* más probable será claramente menor del 50% y algo mayor del 10%, probablemente del 20% aproximadamente.

Caso 17: mujer de 81 años con pie caído izquierdo al levantarse por la mañana. Acude, para ser explorada, al cabo de varias semanas.

Resultados de la exploración:

Balance muscular de tibial anterior izquierdo: fuerza, 1.

Trazado electromiográfico de máxima contracción: simple, de 0,8 mV.

Recuento de PUM: 2 PUM.

CMAP izquierdo; amplitud: 2,1 mV; duración: 14,3 ms.

CMAP derecho; amplitud: 19,7 mV; duración: 15,7 ms.

Razón de amplitudes: 10%.

Otros hallazgos: actividad denervativa en tibial anterior izquierdo.

Interpretación clínica de los resultados: con estos resultados, la *MUNE* es de un 10% aproximadamente. En este caso todos los parámetros son compatibles entre sí, y con la *MUNE* obtenida por tanto.

Caso 18: mujer de 67 años con pie caído izquierdo de origen incierto. Exploración a los 4 meses.

Resultados de la exploración:

Balance muscular de tibial anterior izquierdo: fuerza, 2.

Trazado electromiográfico de máxima contracción: simplificado, de 1,8 mV.

Recuento de PUM: 5 PUM.

CMAP izquierdo; amplitud: 3,5 mV; duración: 20,7 ms.

CMAP derecho; amplitud: 12,3 mV; duración: 15,1 ms.

Razón de amplitudes: +/- 30%.

Otros hallazgos: duración del *CMAP* aumentada en un 30% en lado izquierdo. Trazado completo de 0,9 mV en tibial anterior derecho. PUM con abundante polifasia inestable en tibial anterior izquierdo.

Interpretación clínica de los resultados: los PUM con polifasia inestable indican reinervación en curso en el tibial anterior izquierdo, dato reforzado también por la amplitud del trazado de máxima contracción, 1,8 mV, en comparación con el otro lado, 0,9 mV, la mitad. La amplitud de los PUM y del trazado probablemente está aumentada por la reinervación, y quizá en mayor proporción que la disminución de amplitud del *CMAP* izquierdo atribuible al leve aumento de la duración del *CMAP*. La razón de amplitudes probablemente esté más aumentada de manera sesgada por la reinervación entonces que reducida por el aumento de la duración del *CMAP*. En cualquier caso, probablemente no sea totalmente fiable ese valor del 30% de la razón de amplitudes como referencia para la *MUNE*, por su probable imprecisión en este caso, por el sesgo indicado. El número de PUM el trazado y la fuerza orientan hacia una *MUNE* del 20%, pues son los parámetros que parecen menos sesgados, una vez más, y la *MUNE* más probable debe de ser del 20%, por tanto.

Caso 19: mujer de 81 años con pie caído derecho tras encamamiento por ingreso hospitalario. Exploración al cabo de unas semanas.

Resultados de la exploración:

Balance muscular de tibial anterior derecho: fuerza, 2.

Trazado electromiográfico de máxima contracción en tibial anterior derecho: simplificado, de 0,9 mV.

Recuento de PUM: 5 PUM.

CMAP derecho; amplitud: 3,3 mV.

CMAP izquierdo; amplitud: 10 mV.

Razón de amplitudes: +/- 30%.

Otros hallazgos: trazado electromiográfico de máxima contracción en tibial anterior izquierdo, completo de 2,1 mV. En tibial anterior derecho se observa actividad denervativa.

Interpretación clínica de los resultados: el trazado electromiográfico de máxima contracción en tibial anterior derecho, de 0,9 mV, presenta amplitud reducida, hallazgo frecuente en los procesos con denervación aguda, como es el caso. No hay que confundir esta caída de la amplitud del trazado de máxima contracción, por la pérdida aguda de unidades motoras, con un posible carácter miopático de la alteración en el músculo (en cuyo caso también se produce de manera característica una caída en la amplitud del trazado de máxima contracción), pues la causa de la alteración en tibial anterior en el caso presente es de carácter neuropático. Esta caída en la amplitud del trazado de máxima contracción no parece influir en la *MUNE*.

Con estos valores, y llevando a cabo un razonamiento similar a los hechos en los casos precedentes, la *MUNE* debe de ser de un 20% aproximadamente, quizá entre un 20 y un 30%, dado el resultado de la razón de amplitudes, pero no se puede afirmar con precisión. Desde luego no debe de ser ni de un 10% ni de un 50%. En la práctica es posible que no haya gran diferencia entre afirmar que se trata de un 20 o de un 30%, probablemente tenga mayor interés clínico desvelar si se trata de un 10% aproximadamente, o menos dado que el 10% está cerca del 0%, que indicaría peor pronóstico, en general, o si se trata de un 50% aproximadamente, pues un 50% se encuentra cerca de la normalidad desde el punto de vista funcional en lo que a la fuerza se refiere al menos (no en lo referente a la resistencia). Que la *MUNE* sea mayor del 10% y menor del 50% indica de por sí una buena evolución, así que no parece crucial, ni posible con este método, discernir con precisión entre el 20 o el 30%. Por coherencia con los casos previos, y por no añadir más complicaciones al método que se está desarrollando, lo más práctico es dejar la *MUNE* en un 20%, en este caso, aceptando y asumiendo este margen de error del 0,1 (del 10%), que posiblemente no afecta al valor diagnóstico de la *MUNE* en la práctica en este tipo de casos clínicos.

Caso 20: varón de 88 años con pie derecho caído tras encamamiento por ingreso hospitalario.

Resultados de la exploración:

Balance muscular de tibial anterior derecho: fuerza, 2.

Trazado electromiográfico de máxima contracción en tibial anterior derecho: simplificado, de 0,9 mV.

Recuento de PUM: 5 PUM.

CMAP derecho; amplitud: 1,7 mV; duración: 31,8 ms.

CMAP izquierdo; amplitud: 7,9 mV; duración: 21,3 ms. Razón de amplitudes: +/- 20%.

Otros hallazgos: *CMAP* derecho, desincronizado. Duración del *CMAP* derecho un 30% mayor que en el lado izquierdo.

Interpretación clínica de los resultados: el leve aumento de la duración, del 30%, no parece influir en el resultado de la *MUNE* a partir de la razón de amplitudes en este caso, y dentro de un margen de error aceptable, pues la razón de amplitudes es compatible con el número de PUM, el trazado y el nivel de fuerza en este caso, todos ellos compatibles con una *MUNE* del 20% aproximadamente, en congruencia con los casos clínicos previos.

Caso 21: mujer de 73 años con pie caído derecho tras colocación de prótesis de rodilla. Exploración a los pocos días de la operación.

Resultados de la exploración:

Balance muscular de tibial anterior derecho: fuerza, 3.

Trazado electromiográfico de máxima contracción en tibial anterior derecho: simplificado de 0,7 mV.

Recuento de PUM: más de 7 PUM (ya no se distinguen individualmente).

CMAP derecho; amplitud: 2,3 mV; duración: 17,6 ms.

CMAP izquierdo; amplitud: 9,6 mV; duración: 18,7 ms.

Razón de amplitudes: +/- 25%.

Otros hallazgos: *CMAP* derecho desincronizado.

Interpretación clínica de los resultados: la baja razón de amplitudes orienta a una *MUNE* próxima al 20%, mientras que el elevado número de PUM orienta a una *MUNE* próxima al 50%. Quizá la baja amplitud del *CMAP* sea en parte por la desincronización y en parte por un posible bloqueo axonal simultáneo, bloqueo simultáneo que sería una explicación posible para que el *CMAP* derecho esté desincronizado y sin embargo su duración no esté aumentada (precisamente es el grado de bloqueo lo correlacionable con la *MUNE*, no la desincronización, ni el aumento de duración). Esta desincronización precisamente desvela que la duración posiblemente debería estar aumentada, y si no lo está entonces quizá sea por bloqueo axonal sobreañadido. Como no se pueden desincronizar entre sí axones que están bloqueados, pues quizá por eso no aumenta la duración aun habiendo una desincronización de la respuesta. Es evidente que debe de haber un bloqueo sumado a la desincronización, no sólo por el valor de las duraciones, sino también por la incompatibilidad entre la baja razón de amplitudes y el elevado número relativo de PUM, en ausencia de un aumento de la duración. Por tanto, dado el evidente resultado del número de PUM, la simplificación del trazado, y que la fuerza podría no ser totalmente fiable por falta de colaboración en este caso, dada la limitación que supone una prótesis de rodilla para la exploración del balance muscular, y más aun cuando hace poco que ha sido colocada, lo más probable es que el dato más fiable sea el número de PUM, que es compatible con el trazado, y, así, la *MUNE* más probable es de un 50%, porque con una cifra de PUM tan elevada el dato correcto debe de ser este, y no el que reflejan las amplitudes, que tienen que estar sesgadas necesariamente, por incompatibilidad manifiesta con el número de PUM. Y el número de PUM es difícil que esté sesgado en este caso de manera relevante desde el punto de vista clínico, porque es una cantidad relativamente alta en comparación con la amplitud y el balance. Por tanto, una vez más el recuento de PUM se alza como un parámetro aparentemente decisivo en un caso particular dado.

Caso 22: mujer de 73 años con pie caído derecho tras colocación de prótesis de cadera. Exploración al cabo de pocos días.

Resultados de la exploración:

Balance muscular de tibial anterior derecho: fuerza, 0.

Trazado electromiográfico de máxima contracción en tibial anterior derecho: ausencia de trazado.

Recuento de PUM en tibial anterior derecho: 0 PUM.

CMAP derecho: sin respuesta.

CMAP izquierdo: irrelevante.

Razón de amplitudes: irrelevante.

Interpretación clínica de los resultados: ausencia de respuesta motora, *MUNE* del 0%.

Caso 23: varón de 64 años con pie caído derecho tras colocación de prótesis de cadera. Exploración a los pocos días de la operación.

Resultados de la exploración:

Balance muscular de tibial anterior derecho: fuerza, 4.

Trazado de máxima contracción en tibial anterior derecho: simplificado, de 0,9 mV.

Recuento de PUM: 3 PUM.

CMAP derecho; amplitud: 2,4 mV; duración: 12 ms.

CMAP izquierdo; amplitud: 14 mV; duración: 11,3 ms.

Razón de amplitudes: +/- 20%.

Interpretación clínica de los resultados: el nivel de fuerza encontrado es incompatible con el número de PUM reclutados. El número de PUM encontrados, 3, se detecta a la vez que el propio balance muscular en el que se obtiene un valor de 4 (esta versatilidad técnica, que permite hacer el balance muscular a la vez que la exploración electromiográfica, lo cual permite correlacionar ambos parámetros y potenciar el valor diagnóstico de ambos, es una de las características de la exploración electromiográfica y de su utilidad clínica). Un trazado prácticamente simple, con tan pocos PUM, coincidiendo con una fuerza de 4, difícilmente podrá corresponder a una *MUNE* del 50%, que es la que correspondería a una fuerza de 4. Por tanto, el balance muscular vuelve a parecer inexacto en este nuevo caso, y no se debería a la presencia de reinervación, que no se detecta, sino a que el balance no es exacto, en correlación con la *MUNE*, en un porcentaje de casos dado (por otros motivos, como se ha visto en capítulos precedentes). La *MUNE* más probable con los valores del recuento de PUM, el trazado y la razón de amplitudes es de un 20% por tanto. La razón de amplitudes y el balance serían incompatibles en este caso. Es el número de PUM una vez más la clave para encontrar cuáles de los parámetros serían compatibles con la *MUNE* más probable en este paciente al observarse cuáles serían compatibles entre ellos, dos al menos (en este caso serían compatibles entre sí el número de PUM y la razón de amplitudes sobre todo, y tal vez también el trazado, pero no así el balance; el parámetro compatible en todos los casos es el número de PUM, como se va viendo, que se revela así como un parámetro crucial para la *MUNE).*

Caso 24: mujer de 47 años con pie caído derecho tras cruzar la pierna por tiempo indeterminado.

Resultados de la exploración:

Balance muscular de tibial anterior derecho: fuerza, 4.

Trazado electromiográfico de máxima contracción: simplificado, de 1 mV.

Recuento de PUM: más de 7 u 8; incontables de manera individual ya.

CMAP derecho; amplitud: 1,9 mV; duración: 20,7 ms.

CMAP izquierdo; amplitud: 12,2 mV; duración 14,2 ms.

Razón de amplitudes: +/- 15%.

Otros hallazgos: el *CMAP* derecho está desincronizado y su duración aumentada en un 30% en comparación con la del otro lado.

Interpretación clínica de los resultados: el aumento de la duración del *CMAP* derecho, de un 30%, podría estar detrás, o no, de una caída de la amplitud, del 85%, que es incompatible con la fuerza que presenta, con el número de PUM y con el trazado electromiográfico, que indicarían una *MUNE* del 50%.

Caso 25: varón de 60 años con pie caído derecho tras mantener la pierna derecha cruzada sobre la izquierda durante más de 15 minutos (factores de riesgo: hepatitis B y cirrosis). Exploración al cabo de varias semanas.

Resultados de la exploración:

Balance muscular de tibial anterior derecho: fuerza, 4.

Trazado electromiográfico de máxima contracción en tibial anterior derecho: Trazado simplificado, de 1 mV.

Recuento de PUM en tibial anterior derecho: más de 7-8 PUM (incontables ya de manera individual).

CMAP derecho; amplitud: 4,2 mV; duración: 22,2 ms.

CMAP izquierdo; amplitud: 11,2 mV; duración: 15,7 ms.

Razón de amplitudes: 30%.

Otros hallazgos: se observa actividad denervativa en tibial anterior derecho. Duración del *CMAP* aumentada en un 30% en el lado derecho.

Interpretación clínica de los resultados: según la razón de amplitudes la *MUNE* podría ser del 30%, pero la duración del *CMAP* está aumentada en un 30% en el lado derecho, por lo que este resultado podría ser incorrecto. A favor de que dicho 30% sea incorrecto va el que la fuerza sea de 4, que indicaría un valor más próximo al 50% que al 30%, valor que sería también congruente así, en un 50%, con el resultado del trazado y el recuento de PUM, todos los cuales orientan a una *MUNE* próxima al 50% como resultado más probable, siendo la razón de amplitudes de nuevo incompatible con los otros 3 parámetros en este otro caso por tanto.

Caso 26: mujer de 22 años con pie caído izquierdo tras corte en pierna. Explorada al cabo de varias semanas del accidente.

Resultados de la exploración:

Balance muscular de tibial anterior izquierdo: fuerza, 0.

Trazado electromiográfico de máxima contracción en tibial anterior izquierdo: ausencia de trazado.

Recuento de PUM en tibial anterior izquierdo: 0 PUM.

CMAP en tibial anterior izquierdo: ausencia de respuesta motora.

CMAP derecho: irrelevante.

Razón de amplitudes: irrelevante.

Otros hallazgos: se detecta actividad denervativa en tibial anterior izquierdo.

Interpretación clínica de los resultados: *MUNE* del 0%.

Caso 27: mujer de 32 años con pie caído derecho tras permanecer en cuclillas en su trabajo durante más de 15 minutos. Exploración al cabo de unos días.

Resultados de la exploración:

Balance muscular de tibial anterior derecho: fuerza, 0.

Trazado electromiográfico de máxima contracción en tibial anterior derecho: ausencia de trazado.

Recuento de PUM en tibial anterior derecho: 0 PUM.

CMAP derecho: ausencia de respuesta motora.

CMAP izquierdo: irrelevante.

Razón de amplitudes: irrelevante.

Interpretación clínica de los resultados: con estos datos, la *MUNE* es de un 0%.

Caso 28: varón de 48 años con pie caído derecho de origen incierto. Exploración al cabo de varios meses.

Resultados de la exploración:

Balance muscular de tibial anterior derecho: fuerza, 0.

Trazado electromiográfico de máxima contracción en tibial anterior derecho: ausencia de trazado.

Recuento de PUM en tibial anterior derecho: PUM, 0.

CMAP derecho: sin respuesta.

CMAP izquierdo: irrelevante.

Razón de amplitudes: irrelevante.

Otros hallazgos: actividad denervativa en tibial anterior derecho.

Interpretación clínica de los resultados: *MUNE* del 0% en tibial anterior derecho.

Caso 29: varón de 56 años con pie caído derecho de origen incierto. Exploración al cabo de unas semanas.

Resultados de la exploración:

Balance muscular de tibial anterior derecho: fuerza, 0.

Trazado electromiográfico de máxima contracción en tibial anterior derecho: ausencia de trazado.

Recuento de PUM en tibial anterior derecho: 0 PUM.

CMAP derecho: sin respuesta.

CMAP izquierdo: irrelevante.

Razón de amplitudes: irrelevante.

Otros hallazgos: actividad denervativa en tibial anterior derecho.

Interpretación clínica de los resultados: *MUNE* del 0%.

Caso 30: mujer de 61 años con pie caído derecho de origen desconocido. Exploración al cabo de varios meses.

Resultados de la exploración:

Balance muscular de tibial anterior derecho: fuerza, 0.

Trazado electromiográfico de máxima contracción en tibial anterior derecho: ausencia de trazado.

Recuento de PUM: 0 PUM.

CMAP derecho: sin respuesta.

CMAP izquierdo: irrelevante.

Razón de amplitudes: irrelevante.

Otros hallazgos: actividad denervativa en tibial anterior derecho.

Interpretación clínica de los resultados: *MUNE* del 0%.

Caso 31: mujer de 29 años con pie caído izquierdo tras mantener la pierna izquierda cruzada sobre la derecha durante más de 15 minutos. Exploración al cabo de unos días.

Resultados de la exploración:

Balance muscular de tibial anterior izquierdo: fuerza, 3.

Trazado electromiográfico de máxima contracción en tibial anterior izquierdo: simplificado, de 4,7 mV.

Recuento de PUM: 4 PUM.

CMAP izquierdo; amplitud: 3,5 mV; duración: 13,7 ms.

CMAP derecho; amplitud: 19,2 mV; duración: 14,2 ms.

Razón de amplitudes: 20%.

Otros hallazgos: trazado electromiográfico de máxima contracción en tibial anterior derecho, completo, de 1,4 mV.

Interpretación clínica de los resultados: con estos hallazgos la *MUNE* probablemente es menor del 50%, a favor de lo cual está que la fuerza es menor de 4, así como el resultado de la razón de amplitudes, el trazado y el recuento de PUM. Además, la *MUNE* debe de ser mayor del 10%, por lo mismo. Son pocos PUM los que aparecen y la razón de amplitudes, es del 20%, lo cual lleva a pensar que estos valores corresponden a un valor de la *MUNE* de aproximadamente un 20%, probablemente. El trazado presenta amplitud aumentada (no así los PUM individuales en el análisis de unidad motora), por lo que la amplitud del *CMAP* podría estar sesgada por un aumento de esta en relación con reinervación, y sin embargo la razón de amplitudes parece compatible con el resto de los parámetros en esta ocasión, y con una *MUNE* de alrededor del 20% aproximadamente, ya que el trazado no es simple (y no se observan PUM polifásicos que podrían sesgar este hecho), la fuerza no es excesivamente baja y el número de PUM es de 4, valores estos que en congruencia con los casos anteriores orientan a una MUNE probablemente algo mayor del 10%, de aproximadamente un 20%, por tanto.

Caso 32: varón de 39 años con pie caído derecho tras fractura de tibia. Exploración al cabo de unos días.

Resultados de la exploración:

Balance muscular de tibial anterior derecho: fuerza, 0.

Trazado electromiográfico de máxima contracción en tibial anterior derecho: ausencia de trazado.

Recuento de PUM: 0 PUM.

CMAP derecho: ausencia de respuesta motora.

CMAP izquierdo: irrelevante.

Razón de amplitudes: irrelevante.

Interpretación clínica de los resultados: *MUNE* del 0% en tibial anterior derecho.

Caso 33: mujer de 43 años con pie caído derecho al levantarse por la mañana de la cama un día. Exploración al cabo de unas semanas.

Resultados de la exploración:

Balance muscular de tibial anterior derecho: fuerza, 0.

Trazado electromiográfico de máxima contracción: ausencia de trazado.

Recuento de PUM en tibial anterior derecho: 0 PUM.

CMAP derecho: ausencia de respuesta motora.

CMAP izquierdo: irrelevante.

Razón de amplitudes: irrelevante.

Otros hallazgos: actividad denervativa en tibial anterior derecho.

Interpretación clínica de los resultados: *MUNE* del 0% en tibial anterior derecho.

Caso 34: varón de 29 años con pie caído derecho de causa desconocida. Exploración al cabo de unas semanas.

Resultados de la exploración:

Balance muscular de tibial anterior derecho: fuerza, 2.

Trazado electromiográfico de máxima contracción en tibial anterior derecho: simple, de baja amplitud.

Recuento de PUM: 2 PUM.

CMAP derecho; amplitud: 2,2 mV; duración: 20,1 ms.

CMAP izquierdo; amplitud: 22,4 mV; duración: 15,5 ms.

Razón de amplitudes: 10%.

Otros hallazgos: duración del *CMAP* derecho aumentada en un 20%. Se observa actividad denervativa en tibial anterior derecho.

Interpretación clínica de los resultados: con estos resultados la *MUNE* en tibial anterior derecho debe de ser de un 10%, probablemente.

Caso 35: varón de 72 años con pie caído derecho tras encamamiento por neumonía. Exploración al cabo de unos días.

Resultados de la exploración:

Balance muscular en tibial anterior derecho: fuerza, 3.

Trazado electromiográfico de máxima contracción: simple.

Recuento de PUM: 3 PUM.

CMAP derecho; amplitud: 4,6 mV; duración: 23,1 ms.

CMAP izquierdo; amplitud: 11,7 mV; duración: 18,3 ms.

Razón de amplitudes: 40%.

Interpretación clínica de los resultados: la razón de amplitudes indicaría una *MUNE* del 40%, incompatible con el resto de los resultados. Los PUM y el nivel de fuerza indicarían una *MUNE* del 20%; el trazado una *MUNE* de un 10%, tal vez. Desde el punto de vista funcional la *MUNE* es del 20%. La razón de amplitudes se basa no sólo en la caída de amplitud en el lado afectado, sino también en la comparación con el lado sano, de cuya normalidad, por ejemplo, no hay absoluta garantía (otra razón para el sesgo de la amplitud podría estar causado, por ejemplo, por un estímulo distal, en parte o totalmente, al punto de bloqueo). La frecuencia de batida de los PUM individuales permite saber si la fuerza que está ejerciendo el paciente es valorable en este caso en correlación con los trazados, y lo es, y el recuento de PUM también es valorable por lo mismo, así que en este caso estos dos son los parámetros más recomendables para tener en cuenta, dadas las compatibilidades, por lo que la *MUNE* debe de estar más cerca de un 20% aproximadamente, que de un 10%, dado que aunque el trazado presenta el patrón simple, analizado con minuciosidad no es totalmente simple, ya que el número de PUM es de 3.

Caso 36: mujer de 67 años con pie caído derecho de causa desconocida. Exploración al cabo de varias semanas.

Resultados de la exploración:

Balance muscular de tibial anterior derecho: fuerza, 0.

Trazado electromiográfico de máxima contracción en tibial anterior derecho: trazado simple.

Recuento de PUM en tibial anterior derecho: 1 PUM.

CMAP derecho; amplitud: 0,8 mV; duración: 10,6 ms.

CMAP izquierdo; amplitud: 11,9 mV; duración: 15 ms.

Razón de amplitudes: 10%.

Otros hallazgos: actividad denervativa en tibial anterior derecho.

Interpretación clínica de los resultados: con estos valores, la *MUNE* más probable es de un 10% aproximadamente.

Caso 37: mujer de 33 años con pie caído derecho tras extirpación de osteocondroma en hueco poplíteo y vendaje hasta el muslo. Exploración al cabo de varias semanas.

Resultados de la exploración:

Balance muscular en tibial anterior derecho: Fuerza, 3.

Trazado electromiográfico de máxima contracción en tibial anterior derecho: simple.

Recuento de PUM en tibial anterior derecho: 2 PUM.

CMAP derecho; amplitud: 2,7 mV; duración: 9,2 ms.

CMAP izquierdo; amplitud: 13,8 mV; duración: 14,9 ms.

Razón de amplitudes: 20%.

Otros hallazgos: actividad denervativa en tibial anterior derecho.

Interpretación clínica de los resultados: los valores obtenidos llevan a concluir que la *MUNE* en tibial anterior derecho debe de estar entre un 10 y un 20%, aunque quizá más cerca de un 20%, dado que la razón de amplitudes no parece sesgada.

Caso 38: mujer de 38 años con pie caído derecho tras cirugía mayor. Explorada al cabo de unos días.

Resultados de la exploración:

Balance muscular en tibial anterior derecho: fuerza, 2.

Trazado electromiográfico de máxima contracción en tibial anterior derecho: simple.

Recuento de PUM en tibial anterior derecho: 2 PUM.

CMAP derecho; amplitud: 2,4 mV; duración: 17,7 ms.

CMAP izquierdo; amplitud: 9,9 mV; duración: 18,7 ms.

Razón de amplitudes: 20%.

Interpretación clínica de los resultados: con estos valores, la *MUNE* más probable en tibial anterior derecho es de un 20% aproximadamente. 2 PUM en principio orientarían a un 10% o a un 20%, pero el resto de los parámetros no parecen sesgados en este caso y por tanto orientan más a un 20%. Por tanto, 2 PUM en algunos casos corresponden probablemente a un 10% y en otros casos a un 20%, y se requiere su compatibilización con algún otro parámetro para un resultado definitivo más preciso, ya que el recuento de PUM parece presentar un error del 10%. Si se parte de un valor del número de PUM de 2 ya se ve que, por ese error del 0,1, conviene ajustar un poco más la *MUNE* con los otros parámetros, si es posible (no así si se parte de 1 PUM o de 3 PUM, como se ha visto en casos previos).

Caso 39: mujer de 22 años con pie caído izquierdo tras permanecer con la pierna izquierda cruzada sobre la derecha durante más de 15 minutos. Exploración al cabo de varias semanas.

Resultados de la exploración:

Balance muscular de tibial anterior izquierdo: fuerza, 4.

Trazado electromiográfico de máxima contracción en tibial anterior izquierdo: simplificado.

Recuento de PUM en tibial anterior izquierdo: más de 7 (incontables de manera individual).

CMAP izquierdo; amplitud: 2,7 mV (potencial desincronizado, lo cual conlleva que la amplitud no refleje con precisión el grado de bloqueo).

CMAP derecho; amplitud: 14,3 mV.

Razón de amplitudes: 20%.

Otros hallazgos: actividad denervativa en tibial anterior izquierdo. *CMAP* izquierdo desincronizado.

Interpretación clínica de los resultados: la razón de amplitudes indicaría una *MUNE* del 20%. Sin embargo, la desincronización del *CMAP* izquierdo hace esta cifra dudosa, y más aun teniendo en cuenta que el resto de los valores llevan a concluir que la *MUNE* más probable es de un 50% aproximadamente.

9. RECAPITULACIÓN DE ALGUNOS DE LOS RESULTADOS DE LA SERIE DE CASOS CLÍNICOS.

1. Causas.

Las causas de pie caído en esta serie de 39 casos han sido las siguientes:

Pie caído por compresión aguda de nervio peroneal en rodilla tras permanecer con la pierna afectada cruzada sobre la sana durante más de 15 minutos: 6 casos, un 15% del total; 5 eran mujeres con afectación de la pierna izquierda en todas ellas, y uno varón, con la derecha afectada.

Pie caído por compresión aguda del nervio peroneal en rodilla por cruzar la pierna enferma sobre la sana durante un tiempo indeterminado: 1 caso, un 2% del total.

Pie caído al levantarse de la cama por la mañana por posible compresión aguda de nervio peroneal en rodilla: 8 casos, un 20% del total.

Pie caído por posible compresión aguda de nervio peroneal en rodilla durante una operación de cirugía mayor: 4 casos, un 10% del total.

Pie caído por sección traumática accidental de nervio peroneal en rodilla: 2 casos, un 5% del total.

Pie caído por lesión de nervio peroneal en rodilla durante la colocación de una prótesis de rodilla: 3 casos, un 8% del total.

Pie caído por daño del nervio a la altura de la raíz L5: 1 caso, un 2% del total.

Pie caído por lesión del nervio peroneal en la rodilla durante la extirpación de un osteocondroma en hueco poplíteo: 1 caso, un 2% del total.

Pie caído por lesión del nervio peroneal como resultado de una fractura de tibia: 1 caso, un 2% del total.

Pie caído por compresión del nervio peroneal en la rodilla por encamamiento prolongado durante un ingreso hospitalario por causa grave: 3 casos; un 8% del total.

Pie caído por lesión del nervio a la altura de la raíz/plexo o del nervio ciático común en relación con una colocación de una prótesis de cadera: 1 caso, un 2% del total.

Pie caído por compresión aguda del nervio peroneal en rodilla tras permanecer en cuclillas más de 15 minutos seguidos: 1 caso, un 2% del total.

Lesión del nervio peroneal de causa no aclarada: 5 casos, un 13% del total.

Por último, añadir que la región topográfica relacionada con el desencadenamiento del pie caído ha sido el nervio peroneal en la rodilla en el 95% de los casos.

2. Amplitud del *CMAP*.

Esta serie de 39 casos permite también llevar a cabo una comprobación aproximada acerca de cuáles podrían ser los valores de referencia normales para la amplitud del *CMAP* registrado en el músculo tibial anterior. En concreto, en el músculo sano las amplitudes fueron de 7,9-22,4 mV, que son, casi, los mismos valores de referencia que se habían propuesto al principio del trabajo (8-25 mV), basados en la experiencia personal previa sobre este valor [84], sobre todo en referencia al valor inferior, que es el más importante en la *MUNE* en el caso del pie caído.

En cuanto a los valores de la amplitud en los músculos paréticos (en los pléjicos el valor suele ser de 0 mV salvo excepción, lógicamente), oscilaron entre 0,8 -7,7 mV. Sí tiene interés en este caso el límite superior de este grupo: 7,7 mV, porque, como se puede apreciar, es un valor inferior al del límite inferior obtenido en el grupo de los músculos sanos (7,9 mV), de modo que ambos grupos no se han superpuesto, lo cual es interesante a la hora de evitar falsos negativos en el proceso diagnóstico.

En uno de los músculos enfermos se obtuvo una amplitud paradójica de 21,6 mV, debida probablemente al aumento de amplitud de los PUM por reinervación intensa, por lo que este valor carece de valor en este caso para la *MUNE*, y tampoco provoca un falso negativo gracias a la información que aportan los otros parámetros involucrados: el análisis de los PUM y el análisis del trazado de reclutamiento, que revelan dicho fenómeno de reinervación.

En uno de los casos, el músculo que debía estar sano estaba también enfermo (probablemente por polineuropatía de fondo) de modo que tampoco el valor de la amplitud del *CMAP*, 6,5 mV, obtenido en dicho músculo contralateral al del pie caído, resultó útil para el cálculo de la razón de amplitudes.

Como se ha visto en algún caso, la degeneración walleriana de la raíz L5 puede dar lugar a una caída de la amplitud del *CMAP* en el lado afectado. Esto puede suponer una dificultad para llevar a cabo el diagnóstico diferencial entre una mononeuropatía del peroneal y una radiculopatía, pues si la amplitud del *CMAP* cae por un bloqueo axonal puesto de manifiesto obteniendo el *CMAP* registrado en tibial anterior llevando a cabo el estímulo en la rodilla, puede no ser posible verificar si dicho bloqueo se origina en la rodilla, lo cual se debería a una mononeuropatía del peroneal, o si se origina en la raíz, lo cual sería debido a una radiculopatía. Para el diagnóstico diferencial en este caso es fundamental la clínica, que orientará el diagnóstico, así como la ampliación de la exploración electromiográfica; en concreto: la presencia de actividad denervativa, la presencia de signos de pérdida aguda o crónica de unidades motoras en el músculo tensor de la fascia lata, por ejemplo, o ambos hechos, permitirán ayudar a distinguir entre las dos causas (las amplitudes con registro en pedio y estímulo en rodilla y tobillo podrían no servir para distinguir entre radiculopatía y mononeuropatía tampoco, pues en ambos casos pueden estar ambas amplitudes bajas, o sólo las obtenidas con estímulo en rodilla, en determinados estadios de ambos procesos también).

3. Axonotmesis.

La presencia de lo que comúnmente se denomina actividad denervativa (o, preferiblemente, actividad patológica en reposo, dado que también puede observarse en miopatías), en forma de fibrilaciones y ondas positivas (y descargas seudomiotónicas, ocasionalmente) es un signo electromiográfico que en estos casos indica la existencia de una axonotmesis, ya sea parcial o total. Se hallaron signos de axonotmesis en aproximadamente un 62% de los 39 casos.

En un 58% de los casos con axonotmesis se sospecha que la axonotmesis podría haber sido completa, al ser la *MUNE* del 0%. Lógicamente, electromiogramas sucesivos podrían aclarar este extremo.

En un 42% de los casos con axonotmesis, la axonotmesis era parcial, siendo la *MUNE* del 10% en un 31% de los casos con axonotmesis parcial, *MUNE* del 20% en otro 31%, y *MUNE* del 50% en otro 38% de los casos con axonotmesis parcial.

4. Parámetros utilizados para la *MUNE*.

Los parámetros utilizados han sido los siguientes: número de PUM distintos contados individualmente durante la obtención del trazado de reclutamiento con esfuerzo máximo (este parámetro sólo tiene valor si la frecuencia de descarga de los PUM distintos individuales es de 10 Hz o superior), razón de amplitudes entre el *CMAP* del lado afectado y el del lado sano, balance muscular y valoración del grado de simplificación en el trazado de reclutamiento con esfuerzo máximo.

En cuanto al número de PUM, se observa que este parámetro ha sido aplicable dentro de un margen de error aceptable en el 100% de los casos, y que es compatible (verdadero al mismo tiempo) con alguno de los otros parámetros, con un margen de error para el valor de la *MUNE* del 10%, en el 100% de los casos también (es decir, que coincide con algún otro parámetro al realizar la *MUNE* en el 100% de los casos). El recuento de PUM y los otros 3 parámetros son compatibles con una misma *MUNE* en un 75% de los casos, pero teniendo en cuenta que en un 30% de este 75% la *MUNE* es del 0%, hay que hacer notar que la compatibilidad interesa sobre todo en los otros casos en los que la *MUNE* no está tan clara de entrada, y de estos, en el 43% de los casos el recuento de PUM es compatible con todos los otros parámetros a la vez, por tanto, parece aconsejable valorar los 4 parámetros de manera protocolaria en todos los pacientes para lograr una máxima compatibilidad en cada caso.

En un 18% de los casos el recuento de PUM es compatible sólo con el balance muscular y el trazado, al fallar la razón de amplitudes de los *CMAP*, lo cual habla en contra de la razón de amplitudes en dichos casos, pero no en contra de los demás parámetros.

En cuanto a la valoración de la simplificación del trazado de máxima contracción, sólo falla en un caso de los 39, con lo cual, también es un parámetro valioso dentro de un margen de error aceptable (digresión al margen: en algunos casos, la pérdida aguda de unidades motoras se reconoce por la baja amplitud del trazado, de 0,9 mV o menor, que no se debe confundir con un trazado miopático). Casualmente en este caso en el que falla el trazado también falla la razón de amplitudes, por lo que sólo el número de PUM y la fuerza son compatibles con una misma *MUNE* en estos casos (2% de los casos). Por tanto, el único parámetro que ha demostrado resultar útil en todos los casos, por ser compatible con al menos uno de los otros parámetros en todos los casos, a diferencia del resto de los parámetros, y que además, y también por ello, ha permitido compatibilizar al resto en alguna medida en todos los casos, es el recuento de PUM.

La fuerza falla aisladamente como parámetro, por incompatibilidad con el resto, en el 2% de los casos de esta serie. La fuerza falla a la vez que la razón de amplitudes en el 4% de los casos.

La fuerza y el trazado no fallan a la vez en ningún caso de esta serie, dentro de un margen de error aceptable, de ahí que haya sido posible que también los compatibilice el recuento de PUM.

De modo que en esta serie lo más fiable ha sido el recuento del número de PUM individuales durante la contracción máxima (preciso y sin fallos en cuanto a su valor predictivo a la hora de calcular la *MUNE*).

La fiabilidad de este parámetro, el número de PUM, en el cálculo de la *MUNE* se confirma con más certeza si se realiza además, protocolariamente, el balance muscular, la razón de amplitudes (con más frecuencia de fallos que el balance y el trazado, pero aparentemente preciso cuando es utilizado para verificar el número de PUM como parámetro para la *MUNE*), el trazado (que confirma la pérdida de unidades motoras) y el balance muscular (con menos precisión que los dos primeros, pero casi sin exclusiones).

En el 18% de los 39 casos falla el parámetro de la razón de amplitudes de los *CMAP* por varios motivos: la disminución de la duración del *CMAP*, su desincronización, o ambos, se produce en un 23% de los casos, e impide la utilización de la razón de amplitudes como parámetro para el cálculo de la *MUNE* en un 15% de los casos, a diferencia del número de PUM, que es aplicable en el 100% de los casos con un error despreciable en la práctica.

En los casos en los que el aumento de la duración no influye, la duración está aumentada entre un 15 y un 30%. En los casos en los que el aumento de duración sí influye en la inutilización de la razón de amplitudes para la *MUNE*, la duración está aumentada en un 30-60%, por tanto se superponen ambos casos en ese punto del 30%, por lo que no es predecible en todo caso si el aumento de la duración, cuando es de aproximadamente un 30%, va a influir negativamente en el uso de la razón de amplitudes para el cálculo de la *MUNE*, ni en qué proporción exactamente, con los datos obtenidos en esta serie.

En un 5% de los casos no hay aumento de la duración, pero sí desincronización del potencial, que sí influye negativamente en la posibilidad de usar la razón de amplitudes como parámetro para llevar a cabo con precisión la *MUNE*, por lo que la desincronización en principio también contraindica el uso de la razón de amplitudes para calcular la *MUNE*.

En un 2% de los casos la razón de amplitudes queda inutilizada como parámetro por disminución de la amplitud en el lado sano por posible polineuropatía de fondo concomitante. En otro 4% de los casos la razón de amplitudes queda inutilizada por aumento excesivo de amplitud en el lado enfermo, probablemente en relación con reinervación colateral.

10. CONCLUSIONES.

1. Se describe una nueva técnica electromiográfica, probablemente útil desde el punto de vista clínico, **para realizar la estimación del número de unidades motoras funcionantes (*MUNE*)** en el músculo tibial anterior en pacientes con clínica de pie caído (por paresia o plejía de músculo tibial anterior), con causa localizada en segunda neurona motora. Dicha técnica parece fiable, precisa, rápida, y fácilmente reproducible, como para tener utilidad clínica.

2. Esta técnica consiste en el recuento del número de PUM individuales distintos que se pueden detectar durante el registro del trazado de máxima contracción en el músculo tibial anterior afectado, encontrándose una vinculación directa, dentro de un margen de error aceptable en la práctica clínica, entre este número y la *MUNE*.

3. La *MUNE* mediante el recuento del número de PUM individuales se llevaría a cabo, de acuerdo con los resultados de esta serie, del modo siguiente:

PUM=0 indicaría una *MUNE* del 0%

PUM=1 indicaría una *MUNE* del 10%

PUM=2 indicaría una *MUNE* del 10% con una probabilidad de 0,66 y del 20% con una probabilidad del 0,33 (siendo el valor más probable el determinado por el resto de los parámetros compatibles con el valor del número de PUM y con la *MUNE* en cada caso clínico particular).

PUM=3-5 indicaría una *MUNE* del 20%

PUM=6, no se ha dado ningún caso en esta serie.

PUM=7 indicaría una *MUNE* del 50%

PUM mayor de 7 u 8 (PUM individuales incontables uno a uno al volverse el trazado interferencial), con trazado de máxima contracción simplificado, indicaría una *MUNE* del 50%.

Se comprueba además que a partir de un número de PUM de 7 u 8 resulta imposible contar los PUM individuales uno a uno, dado que el trazado se vuelve interferencial.

Los valores que ha sido posible obtener en la práctica para la *MUNE* en esta serie, con esta técnica, han sido 4: 0%, 10%, 20% y 50%. Con la técnica de cálculo empleada y la precisión lograda no han aparecido otros valores.

Posiblemente sea preferible que no haya surgido una excesiva sofisticación de los resultados con esta técnica, pues esta afortunada simplificación facilita su aplicación clínica con rapidez y reproducibilidad, tanto para el diagnóstico del grado de afectación actual como para el pronóstico a medio y largo plazo (el pronóstico depende también del grado de axonotmesis, y para ir precisando el pronóstico serán necesarias electromiogramas sucesivos a lo largo de las semanas o meses siguientes).

4. Importancia clínica de la *MUNE* con esta técnica: el recuento de PUM utilizado para obtener la *MUNE*, considerado aisladamente como parámetro, ha demostrado un valor predictivo del 100% en esta serie, dentro de un margen de error del 10% en el valor de la *MUNE*, frente a un valor predictivo del 78% para el valor de la razón de amplitudes entre el *CMAP* del lado enfermo y el *CMAP* del lado sano, lo cual implica que la técnica del número de PUM, aunque es tan precisa como la de la razón de amplitudes (cuando esta última no está contraindicada) en cuanto a la capacidad para afinar el valor de la *MUNE* hasta un factor de 0,1 (+/- 10% de la *MUNE*), sin embargo carece de falsos positivos, al menos en esta serie y en lo que al cálculo de la *MUNE* se refiere (no así la razón de amplitudes), por lo que probablemente debería ser considerada una técnica de elección para la *MUNE*.

El balance muscular también presenta un buen valor predictivo, del 95%.

5. Protocolo para la *MUNE*. Dados los resultados obtenidos, es aconsejable, en el protocolo electromiográfico para la exploración del pie caído con origen en segunda motoneurona, incluir los cuatro parámetros citados en la exploración de tibial anterior por sistema: recuento del número de PUM distintos individuales, razón de amplitudes de los *CMAP* del lado enfermo y sano, balance muscular y trazado de reclutamiento, siendo el más importante, de acuerdo con los resultados de esta serie, el número de PUM, que además es un parámetro de nueva descripción.

Se confirma además que el recuento del número de PUM distintos individuales detectables en el trazado durante la contracción máxima es la manera de compatibilizar de manera integral los demás parámetros con el valor de la *MUNE* más probable, dentro de un margen de error aceptable en la práctica clínica.

El balance muscular por sí solo presenta fallos en la *MUNE*, por ejemplo: una fuerza de 0, la plejía de hecho para ese movimiento particular, no ha implicado una *MUNE* del 0% en varios casos, de ahí que se considere el electromiograma indicado en todos estos pacientes para complementar el diagnóstico clínico, y conveniente, con el fin de llevar a cabo un diagnóstico y un pronóstico lo más fiables y precisos que sea posible. Es evidente que ante una fuerza de 0, una *MUNE* del 10% presentará posiblemente un mejor pronóstico que una *MUNE* del 0%, sobre todo a partir del tercer mes tras el debut del pie caído, dado que al tercer mes empieza a ser posible la detección de la actividad reinervativa.

6. Extrapolación a otros tipos de parálisis muscular con origen en segunda neurona motora: esta nueva técnica electromiográfica probablemente será extrapolable tal cual para la *MUNE* de otros músculos, como el orbicular de los párpados durante la parálisis facial periférica, o como el tríceps braquial en el caso de una radiculopatía C7 paralizante, o una plexopatía braquial, o una siringomielia, etc.

7. **Regla de los 15 minutos:** en los casos de pie caído por compresión aguda tras mantener la pierna afectada cruzada sobre la otra, o por haber permanecido en cuclillas, etc., una característica común es que en todos los casos en los que se ha podido determinar el tiempo de exposición al agente causal (la compresión del nervio peroneal a la altura de la cabeza del peroné), dicho tiempo ha sido en todo caso superior a 15 minutos ("regla de los 15 minutos"), por lo que, en principio, esta cantidad de tiempo tiene un probable interés clínico (por ejemplo, para evitar en lo posible que haya más casos de pie caído por estas causas, y lo mismo será aplicable, probablemente, de acuerdo con observaciones personales, a otros o al resto de los nervios del cuerpo que puedan sufrir una compresión aguda).

Investigaciones futuras podrían tener como consecuencia la variación de esta cifra de los 15 minutos, que podría pasar a ser, a lo mejor, 14 minutos y 37 segundos, u otra, usando series mayores, pero lo importante es que podría haber un tiempo límite orientativo a partir del cual la compresión conllevaría un bloqueo axonal persistente a medio plazo (sea o no irreversible a largo plazo).

11. BIBLIOGRAFÍA.

1. Liddell EGT, Sherrington CS. Recruitment and some other features of reflex inhibition. Proc R Soc Lond (Biol) 1925; 97: 488-518.

2. Netter F. Colección Ciba de ilustraciones médicas, tomo 1(2). Salvat, Barcelona, 1987: 204.

3. Sissons H. Anatomy of the motor unit. En Walton, JN. Disorders of voluntary muscle, 3rd ed. Churchill Livingstone, London, 1974.

4. Fontoira M. Medición manual de potenciales de unidad motora "miopáticos". Rehabilitación (06/05) 2011; 45: 202-207.

5. Ferro-Milone F. Problems of physiopathology of the motor unit. Rev Neurobiol 1969; 15: 380-90.

6. Black JTR, Bhatt GP, Defesus PV. Diagnostic accuracy of clinical data, quantitative electromyography and histochemistry in neuromuscular disease. J Neurol Sci 1974; 21: 59-70.

7. Kimura J. Electrodiagnosis in disease of nerve and muscle. Principles and practice. 2nd ed. FA Davis, Philadelphia, 1989.

8. Bloom-Fawcett. Tratado de histología. Interamericana, McGraw-Hill, Madrid, 1987.

9. Lateva ZC, McGill KC. Estimating motor-unit architectural properties by analyzing motor-unit action potential morphology. Clin Neurophysiol 2001; 112: 127-35.

10. Vogt T, Nix WA, Pfeifer B. Relationship between electrical and mechanical properties of motor units. J Neurol Neurosurg Psychiatry 1990; 52: 331-334.

11. Feinstein B, Lindergard B, Nyman E and Wohlfart G. Morphologic studies of motor units in normal human muscles. Acta Anat 1955; 23: 127-142.

12. Henneman E. Relation between size of neurons and their susceptibility to discharge. Science 1957; 126: 1345-1347.

13. Henneman E, Somjen G, Carpenter DO. Functional significance of cell size in spinal motoneurons. J Neurophysiology 1965; 28: 560-589.

14. Henneman E. Motor neurons and motor units: the size principle. Didactic program (AEEM) 1982. p. 29-34.

15. Conwit RA, Stashuk D, Tracy B, McHugh M, Brown WF. The relationship of motor unit size, firing rate and force. Clin Neurphysiol 1999; 110: 1270-5.

16. Masakado Y, Akaboshi K, Nagata M, Kimura A, Chino N. Motor unit firing behavior in slow and fast contractions of the first dorsal interosseus muscle of healthy men. Electroenceñhalogr Clin Neurophysiol 1995; 97: 290-5.

17. Fortier PA. Use of spike triggered averaging of muscle activity to quantify inputs to motoneuron pools. J Neurophysiol 1994; 72: 248-65.

18. Mustafa E, Stalberg E, Falck B. Can the size principle be detected in conventional emg recordings? Muscle & Nerve 1995; 18: 435-39.

19. McComas AJ, Sica RE, Upton AR. Excitability of human motoneurons during effort. J Physiol 1970; 210: 145.

20. Dorfman LJ, Howard JE, McGill KC. Motor unit firing rates and firing rate variability in the detection of neuromuscular disorders. Electroencephalogr Clin Neurophysiol 1989; 73: 215-224.

21. Liguori R, Fuglsang-Frederiksen A, Nix W, Fawcett PR, Andersen K. Electromyography in myopathy. Neurophysiol Clin 1997; 27: 200-203.

22. Hansen S, Ballantyne JP. A quantitative electrophysiological study of motor neuron disease. J Neurol Neurosurg Psychiatry 1978; 41: 773-783.

23. Yuen EC, Olney RK. Longitudinal study of fiber density and motor unit number estimate in patients with amyotrophic lateral sclerosis. Neurology 1997; 49: 573-578.

24. Daube JR. Motor unit number estimates in ALS. En Kimura J, Kaji R (Eds.) Physiology of ALS and related diseases. Elsevier Science BV, Amsterdam 1997; 203-216.

25. Fernández JM. Exploración neurofisiológica. En Codina A (ed.). Tratado de Neurología. Ed. ELA, Barcelona 1994: 120-121.

26. McCluskey L et al. "Pseudo-conduction block" in vasculitic neuropathy. Muscle Nerve 1999; 22: 1361-6.

27. Ropert A, Metral S. Conduction block in neuropathies with necrotizing vasculitis. Muscle Nerve 1990; 13: 102-5.

28. Hoffmann, P: Ueber eine Methode, den Erfolg einer Nerveunaht zubeurteilein. Med Klin 1915; 11: 856.

29. Tinel J: Le signe du "fourmillement" dans les lésions des nerfs péripheriques. Press méd 1915; 23 : 388.

30. Lange DJ, Trojaborg W et al. Multifocal neuropathy with conduction block : Is it a distinct clinical entity? Neurology 1992; 42: 497-505.

31. Nix, W. Electrophysiological sequels of inflammatory demyelination. Journal of Neurol Neuros and Psych 1994; 57: 29-32.

32. Asbury AK, Cornblath DR. Assesment of current diagnostic criteria for Guillain-Barré syndrome. Ann Neurol 1990; 27: 21-24.

33. Cornblath DR, Asbury AK, Albers JW, et al. Research criteria for diagnosis of the chronic inflammatory demyelinating polyneuropathy (CIDP). Neurology 1991; 41: 617-18.

34. Brown WF, Feasby TE. Conduction block and denervation in Guillain-Barré polyneuropathy. Brain 1984; 107: 219-39.

35. Cornblath DR, Sumner AJ, Daube J, et al. Issues and opinions: conduction block in clinical practice. Muscle Nerve 1991; 14: 869-71.

36. Fuglsang-Frederiksen A, Pugdahl K. Current status on electrodiagnostic standards and guidelines in neuromuscular disorders. Clinical Neurophysiology 2011; 122: 440-455.

37. American Association of Electrodiagnostic Medicine. Consensus criteria for the diagnosis of parcial conduction block. Muscle Nerve 1999; 22: 225-229).

38. Ryuji K et al. Multifocal demyelinating motor neuropathy: Cranial nerve involvement and inmunoglobulin therapy. Neurology 1992; 42: 506-509.

39. Tankisi H, Pugdahl K, Johnsen B, Fuglsang-Frederiksen A. Correlations of nerve conduction measures in axonal and demyelinating polyneuropathies. Clínical Neurophysiology 2007; 118: 2383-2392.

40. Raynor EM et al. Differentiation between axonal and demyelinating neuropathies: identical segments recorded from proximal and distal muscles. Muscle and Nerve 1995; 18: 402-408.

41. Rosenbaum R, Ochoa J. The Carpal Tunnel Syndrome and Other Disorders of the Median Nerve. Boston: Butterworth-Heinemann; 1993.

42. De Carvalho M. Estimating the value of estimation. Clin Neurophysiol 2012; 123: 1904-1905.

43. Baumann F, Henderson RD et al. Use of Bayesian MUNE to show differing rate of loss of motor units in subgroups of ALS. Clin Neurophysiol 2012; 123: 2446-2453.

44. Broomberg MD. Updating motor unit number estimation (MUNE). Clin Neurophysiol 2007; 118: 1-18.

45. De Carvalho M et al. Electrodiagnostic criteria for diagnosis of ALS: consensus of an international symposium sponsored by IFCN. Clin Neurophysiol 2008; 119: 497-503.

46. McComas AJ et al. Functional compensation in partially denervated muscles. J Neurol Neurosurg Psychiatr 1971; 34: 453-60.

47. Nandedkar SD, Sanders DB, Stalberg EV: Selectivity of electromyographic recording techniques: a simulation study. Med Biol Eng Comput 1985; 23: 536-540.

48. Barkhaus PE, Nandedkar SD. Recording characteristics of the surface emg electrodes. Muscle & Nerve 1994; 17: 1317-1323.

49. McComas A. Motor unit number estimation: Anxieties and Achievements. Muscle & Nerve 1995; 18: 369-379.

50. Dengler R et al. Collateral nerve sprouting and twitch forces of single motor units in conditions with parcial denervation in man. Neurosci lett 1989; 97: 118-122.

51. McComas AJ et al. Electrophysiological estimation of the number of motor units within a human muscle. J Neurol Neurosurg Psychiatry 1971; 34: 121-131.

52. Esslen E. The acute facial palsies. Springer Verlog. Berlin 1977.

53. Esslen E. Electromyography and electroneurography. En Fisch V (ed.): Facial Nerve Surgery. Kugler/Aesculapius, Amstelveen, 1977: 93-101.

54. Rogers RL. Nerve conduction time in Bell's palsy. Laryngoscope 1978; 88: 314-26.

55. Fernández JM. Evaluación neurofisiológica de la parálisis facial periférica. Universidad Autónoma de Barcelona, Barcelona, 1993.

56. Brown WF. The physiological and Technical Basis of the Electromyography. Butterworth Publishers, Boston, 1984. p. 121-126.

57. Esslen E. Electrodiagnosis of facial nerve. En : Surgery of facial nerve (A Miehlke ed.). Urban & Schwarzenberg, Munchen, 1973: 45-51.

58. Cocker NJ. Facial electroneurography: analysis of techniques and correlation with degenerating motoneurons. Laryngoscope 1992; 102: 747-59.

59. Halvorson DJ, Cocker NJ, Wang LT. Histologic correlation of the degenerating facial nerve with electroneurography. Laryngoscope 1993; 103: 178-84.

60. Doherty TJ, Brown WF. The estimated numbers and relative sizes of thenar motor units as selected by multiple point stimulation in young and older adults. Muscle & Nerve 1993; 16: 355-366.

61. Bromberg MB. Electrodiagnostic studies in clinical trials for motor neuron disease. J Clin Neurophysiol 1998; 15: 117-128.

62. Smith BE et al. Longitudinal electrodiagnostic studies in amyotrophic lateral sclerosis patients treated with

recombinant human ciliary neurotrophic factor. Neurology 1995; 45: 448.

63. Belanger AY, McComas AJ. Extent of motor unit activation during effort. J Appl Physiol 1981; 51: 1131-1135.

64. Daube JR. Motor unit number estimates: A Holy Grail? Clinical Neurophysiology 2007; 118: 2542-2543.

65. Espadaler JM. Exploración electrofisiológica en las enfermedades de motoneurona. Neurología 1996; 11: 20-28.

66. McComas AJ. Invited review: Motor unit estimation: Methods, results, and present status. Muscle & Nerve 1991; 14: 585-595.

67. Slawnych MP et al. A review of techniques employed to estimate the number of motor units in a muscle. Muscle & Nerve 1990; 13: 1050-1064.

68. Brown WF et al. Methods for estimating numbers of motor units in bíceps-brachialis muscles and losses of motor units with aging. Muscle & Nerve 1988; 11: 423-432.

69. De Koning et al. Estimation of the number of motor units base don macro EMG. J Neurol Neurosurg Psychiatry 1988; 51: 403-411.

70. Bromberg MB et al. Motor unit number estimation, isometric strength and electromyographic measures in amyotrophic lateral sclerosis. Muscle & Nerve 1993; 16: 1213-1219.

71. Felice KJ. A longitudinal study comparing thenar motor unit number estimates to other quantitative tests in patients with amyotrophic lateral sclerosis. Muscle & Nerve 1997; 20: 179-185.

72. Lumen C. Effect of recording Windows and estimulation variables on the statistical technique of motor unit number estimation. Muscle & Nerve 2001; 24: 1659-1664.

73. Blok JH et al. Size does matter: The influence of motor unit potential size on statistical motor unit number estimates in healthy subjects. Clin Neurophysio 2012; 121: 1772-1780.

74. Daube JR. Statistical estimates of number of motor units in thenar and foot muscles in patients with amyotrophic lateral sclerosis or the residual of poliomyelitis. Muscle & Nerve 1988; 11: 957-8.

75. Daube JR. Estimating the number of motor units in a muscle. J Clin Neurophysiol 1995; 12: 585-94.

76. Nandedkar SD et al. Motor unit number index (MUNIX): principle, method, and findings in healthy subjects and in patients with motor neuron disease. Muscle & Nerve 2010; 42: 798-807.

77. Neuwirth C et al. Motor Unit Number Index (MUNIX): a novel neurophysiological marker for neuromuscular disorders; test-retest reliability in healthy volunteers. Clin Neurophysiol 2011; 122: 1867-1872.

78. Boekenstein WA et al. Motor unit number index (MUNIX) versus motor unit number estimation (MUNE): A direct comparison in a longitudinal study of ALS patients. Clin Neurophysiol 2012; 123: 1644-1649.

79. Baumann F et al. Quantitative studies of lower motor neuron degeneration in amyotrophic lateral sclerosis: Evidence for exponential decay of motor unit numbers and greatest rate of loss at the site of onset. Clin Neurophysiol 2012; 123: 2092-98.

80. Shefner J. Motor unit number estimation in human neurologic diseases and animal models. Clin Neurophysiol 2001; 112: 955-964.

81. Fontoira M et al. Pie caído secundario a meningioma supratentorial; a propósito de un caso. Revista de Ortopedia y Traumatología 2003; 47: 134-7.

82. Nandedkar SD, Barkhaus PE, Sanders DB, Stalberg E. Analysis of amplitude and area of concentric needle EMG motor unit action potentials. Electroencephalogr Clin Neurophysiol 1988; 69: 561-567.

83. Aminoff M. Electrodiagnosis in clinical neurology. Churchill Livingstone, London, 1980.

84: Fontoira M. Vademécum de Neurofisiología Clínica. Enésima edición. Raleigh (USA): Ed. Lulu; febrero/2013. ISBN: 978-1-291-12913-7.

85. Thomas PK. Diagnóstico diferencial de las neuropatías periféricas, 1981. En: Conferencia internacional sobre neuropatías periféricas, Madrid,

1981. Excerpta Médica (Refsum S, Bolis CL, Portera A eds.). Nauta, Barcelona, 1981.

86. Furtula J et al. MUNIX and incremental stimulation MUNE in ALS patients and control subjects. Clin Neurophysiol 2013; 124: 610-618.

87. Sunderland S. Nervios periféricos y sus lesiones. Salvat, Barcelona, 1985.

www.ingramcontent.com/pod-product-compliance
Lightning Source LLC
Chambersburg PA
CBHW060901170526
45158CB00001B/450